U0193200

ATLAS OF WILDLIFE
IN SOUTHWEST CHINA

中国西南
野生动物图谱

鸟类卷（上）　BIRD（I）

朱建国　总主编　朱建国　主　编

北京出版集团公司
北京出版社

图书在版编目（CIP）数据

中国西南野生动物图谱．鸟类卷．上 / 朱建国总主
编；朱建国主编．— 北京 ：北京出版社，2020.3
ISBN 978-7-200-14750-6

Ⅰ．①中… Ⅱ．①朱… Ⅲ．①鸟类—西南地区 — 图谱
Ⅳ．① Q958.527-64

中国版本图书馆 CIP 数据核字（2019）第 051061 号

中国西南野生动物图谱　鸟类卷（上）
ZHONGGUO XINAN YESHENG DONGWU TUPU　NIAO LEI JUAN

朱建国　总主编

朱建国　主　编

*

北 京 出 版 集 团 公 司
北 京 出 版 社　出版

（北京北三环中路 6 号）
邮政编码：100120

网　　　　址：www.bph.com.cn

北 京 出 版 集 团 公 司 总 发 行
新 华 书 店 经 销
北 京 华 联 印 刷 有 限 公 司 印 刷

*

889 毫米 × 1194 毫米　16 开本　30.75 印张　550 千字
2020 年 3 月第 1 版　2020 年 3 月第 1 次印刷

ISBN 978-7-200-14750-6

定价：498.00 元

如有印装质量问题，由本社负责调换

质量监督电话：010-58572393

中国西南野生动物图谱

主　　任　季维智（中国科学院院士）

副 主 任　李清霞（北京出版集团有限责任公司）

　　　　　朱建国（中国科学院昆明动物研究所）

编　　委　马晓锋（中国科学院昆明动物研究所）

　　　　　饶定齐（中国科学院昆明动物研究所）

　　　　　买国庆（中国科学院动物研究所）

　　　　　张明霞（中国科学院西双版纳热带植物园）

　　　　　刘　可（北京出版集团有限责任公司）

总 主 编　朱建国

副总主编　马晓锋　饶定齐　买国庆

中国西南野生动物图谱　鸟类卷（上）

主　　编　朱建国

副 主 编　张明霞　马晓锋

编　　委　（按姓名拼音顺序排列）

　　　　　曹　阳　董文晓　怀彪云　李维薇

　　　　　李　飏　李一凡　韦　铭　曾祥乐

摄　　影（按姓名拼音顺序排列）

曹　阳	陈锦辉	董文晓	怀彪云	辉　洪
李利伟	李　享	李　飏	李一凡	林剑声
刘　勤	马晓锋	马晓辉	彭建生	权锐昌
沈雨默	宋大昭	谭　陈	汪　阗	王志芳
韦　铭	吴　飞	曾继谋	曾祥乐	张明霞
赵江波	朱建国	左凌仁		

主编简介

 **朱建国，**副研究员、硕士生导师。主要从事保护生物学、生态学和生物多样性信息学研究。将动物及相关调查数据与遥感卫星数据等相结合，开展濒危物种保护与对策研究。围绕中国生物多样性保护热点区域、天然林保护工程、退耕还林工程和自然保护区等方面，开展变化驱动力、保护成效、优先保护或优先恢复区域的对策分析等研究。在 *Conservation Biology*、 *Biological Conserration* 等杂志上发表论文40余篇，是《中国云南野生动物》《中国云南野生鸟类》等6部专著的副主编或编委，《正在消失的美丽 中国濒危动植物寻踪》（动物卷）主编。建立中国动物多样性网上共享主题数据库20多个。主编中国数字科技馆中的"数字动物馆""湿地——地球之肾馆"以及中国科普博览中的"动物馆"等。

中国大西南地区泛指西藏、四川、云南、重庆、贵州和广西6省（直辖市、自治区），面积约260万km²，约占我国陆地面积的27.1%；人口约2.5亿，约为我国人口总数的18%。在这仅占全球陆地面积不到1.7%的区域内，分布有北热带、南亚热带、中亚热带、北亚热带、高原温带、高原亚寒带等气候类型。从世界最高峰到北部湾海岸线，其间分布有全世界最丰富的山地、高原、峡谷、丘陵、盆地、平原、喀斯特、洞穴等各种复杂的自然地形和地貌，以及大小不等的江河、湖泊、湿地等自然水域类型。区域内分布有青藏高原和云贵高原，包括喜马拉雅山脉、藏北高原、藏南谷地、横断山脉、四川盆地、两广丘陵、云南南部谷地和山地丘陵等特殊地貌；有怒江、澜沧江、长江、珠江四大水系以及沿海诸河、地下河水系，还有成百上千的湖泊、水库及湿地。此区域横跨东洋界和古北界两大生物地理分布区，有我国39个世界地质公园中的7个，34个世界生物圈保护区中的11个，13个世界自然遗产地中的8个，57个国际重要湿地中的11个，474个国家级自然保护区中的102个位于此区域。如此复杂多样和独特的气候、地形地貌和水域湿地等，造就了西南地区拥有从热带到亚寒带的多种生态系统类型和丰富的栖息地类型，产生了全球最为丰富和独特的生物多样性。此区域拥有的陆生脊椎动物物种数占我国物种总数的73%，更有众多特有种仅分布于此。这里还是我国文化多样性最丰富的地区，在我国56个民族中，有36个为此区域的世居民族，不同民族的传统文化和习俗对自然、环境和物种资源的利用都有不同的理念、态度和方式，对自然保护有着深远的影响。这里也是我国社会和经济发展较为落后的区域，在1994年国家认定的全国22个省592个国家级贫困县中，有274个（占46%）在此区域。同时，这里还是发展最为迅速的区域，在2013—2018年这6年间，我国大陆31个省（直辖市、自治区）的GDP增速排名前三的省（直辖市、自治区）基本都出自西南地区。这里一方面拥有丰富、多样而独特的资源本底，另一方面正经历着历史上最快的变化，加上气候变化、外来物种影响等，这一区域的生命支持系统正在遭受前所未有的压力和破坏，同时也受到了国内外的高度关注，在全球36个生物多样性保护热点地区中，我国被列入其中的有3个地区——印缅地区、中国西南山地和喜马拉雅，它们在我国的范围全部位于此区域。

由于独特而显著的区域地质和地理学特征，我国西南地区拥有丰富的动物物种和大量的特有属种，备受全球生物学家、地学家以及社会公众的关注。但因地形地貌复杂、山高林密、交通闭塞、野生动物调查难度大，对此区域野生动物种类、种群、分布和生态等认识依然有差距。近一个世纪以来，特别是在新中国成立后，我国科研工作者为查清动物本底资源，长年累月跋山涉水、栉风沐雨、风餐露宿、不惜血汗，有的甚至献出了宝贵的生命。通过长期系统的调查和研究工作，收集整理了大量的第一手资料，以科学严谨的态度，逐步揭示了我国西南地区动物的基本面貌和演化形成过程。随着科学的不断发展和技术的持续进步，生命科学领域对新理论、新方法、新技术和新手段的探索也从未停止过，人类正从不同层次和不同角度全方位地揭示生命的奥秘，一些传统的基础学科如分类学、生态学的研究方法和手段也在不断进步和发展中。如分子系统学的迅速发展和广泛应用，极大地推动了系统分类学的研究，不断揭示和澄清了生物类群之间的亲缘关系和演化过程。利用红外相机阵列、自动音频记录仪、卫星跟踪器等采集更多的地面和空间数据，通过高通量条形码技术对动物、环境等混合DNA样本进行分子生态学分析，应用遥感和地理信息系统空间分析、物种分布模型、专家模型、种群遗传分析、景观分析等技术，解析物种或种群景观特征、栖息地变化、人类活动变化、气候变化等因素对物种特别是珍稀濒危物种的分布格局、生境需求与生态阈值、生存与繁衍、种群动态、行为适应模式和遗传多样性的影响，对物种及其生境进行长期有效的监测、管理和保护。

生命科学以其特有的丰富多彩而成为大众及媒体关注的热点之一，强烈地吸引着社会公众。动物学家和自然摄影师忍受常人难以想象的艰辛，带着对自然的敬畏，拍摄记录了野生动物及其栖息地现状的珍贵影像资料，用影像语言展示生态魅力、生态故事和生态文明建设成果，成为人们了解、认识多姿多彩的野生动物及其栖息地，了解美丽中国丰富多彩的生物多样性的重要途径。本书集中反映了我国几代动物学家对我国西南地区动物物种多样性研究的成果，在分类系统和物种分类方面采纳或采用了国内外的最新研究成果，以图文并茂的方式，系统描绘和展示了我国西南地区约 2000 种野生动物在自然状态下的真实色彩、生存环境和行为状态，其中很多画面是常人很难亲眼看到的，有许多物种，尤其是本书发表的 10 余个新种是第一次以彩色照片的形式向世人展露其神秘的真容；由于环境的改变和人为破坏，少数照片因物种趋于濒危或灭绝而愈显珍贵，可能已成为某些物种的"遗照"或孤版。本书兼具科研参考价值和科普价值，对于传播科学知识、提高公众对动物多样性的理解和保护意识，唤起全社会公众对野生动物保护的关注，吸引更多的人投身于野生动物科研和保护都具有重要而特殊的意义。在此，我谨对本丛书的作者和编辑们的努力表示敬意，对他们取得的成果表示祝贺，并希望他们能不断创新，获得更大的成绩。

中国科学院院士

2019 年 9 月于昆明

中国大西南地区泛指西藏、四川、云南、重庆、贵州和广西6省（直辖市、自治区），其中广西通常被归于华南地区，本书之所以将其纳入西南地区：一是因为广西与云南、贵州紧密相连，其西北部也是云贵高原的一部分；二是从地形来看，广西地处云贵高原与华南沿海的过渡区，是云南南部热带地区与海南热带地区的过渡带；三是从动物组成来看，广西西部、北部与云南和贵州的物种关系紧密，动物通过珠江水系与贵州、云南进行迁徙和交流，物种区系与传统的西南可视为一个整体。由此6省（直辖市、自治区）组成的西南区域面积约260万km²，约占我国陆地面积的27.1%；人口约2.5亿，约为我国人口总数的18%。此区域北与新疆、青海、甘肃和陕西互连，东与湖北、湖南和广东相邻，西部与印度、尼泊尔、不丹交界，南部与缅甸、老挝和越南接壤。

一、复杂多姿的地形地貌

在这片仅占我国陆地面积27.1%，占全球陆地面积不到1.7%的区域内，有从北热带到高原亚寒带等多种气候类型；从世界最高峰到北部湾的海岸线，其间分布有青藏高原和云贵高原，包括喜马拉雅山脉、藏北高原、藏南谷地、横断山脉、四川盆地、两广丘陵、云南南部谷地和山地丘陵等特殊地貌；境内有怒江、澜沧江、长江、珠江四大水系，沿海诸河以及地下河水系，还有数以千计的湖泊、湿地等自然水域类型。

1. 气势恢宏的山脉

我国西南地区从西部的青藏高原到东南部的沿海海滨，地形呈梯级式分布，从最高的珠穆朗玛峰一直到海平面，相对高差达8844m。西藏拥有全世界14座最高峰（海拔8000m以上）中的7座，从北向南主要有昆仑山脉、喀喇昆仑山—唐古拉山脉、冈底斯—念青唐古拉山脉和喜马拉雅山脉。昆仑山脉位于青藏高原北部，全长达2500km，宽约150km，主体海拔5500～6000m，有"亚洲脊柱"之称，是我国永久积雪与现代冰川最集中的地区之一，有大小冰川近千条。喀喇昆仑山脉耸立于青藏高原西北侧，主体海拔6000m；唐古拉山脉横卧青藏高原中部，主体部分海拔6000m，相对高差多在500m，是长江的发源地。冈底斯—念青唐古拉山脉横亘在西藏中部，全长约1600km，宽约80km，主体海拔5800～6000m，超过6000m的山峰有25座，雪盖面积大，遍布山谷冰川和冰斗冰川。喜马拉雅山脉蜿蜒在青藏高原南缘的中国与印度、尼泊尔交界线附近，被称为"世界屋脊"，由许多平行的山脉组成，其主要部分长2400km，宽200～300km，主体海拔在6000m以上。

横断山脉位于青藏高原之东的四川、云南、西藏三省（自治区）交界，由一系列南北走向的山岭和山谷组成，北部山岭海拔5000m左右，南部降至4000m左右，谷地自北向南则明显加深，山岭与河谷的高差达1000～4000m。在此区域耸立着主体海拔2000～3000m的苍山、无量山、哀牢山，以及轿子山等。

滇东南的大围山等山脉，海拔高度已降至2000m左右，与缅甸、老挝、越南交界地区大多都在海拔1000m以下。云南东北部的乌蒙山最高峰海拔4040m，至贵州境内海拔降至2900m，为贵州省最高点；贵州北部有大娄山，南部有苗岭，东北有武陵山，由湖南蜿蜒进入贵州和重庆；重庆地处四川盆地东部，其北部、东部及南部分别有大巴山、巫山、武陵山、大娄山等环绕。广西地处云贵高原东南边缘，位于两广丘陵西部，南临北部湾海面，中部和南部多丘陵平地，呈盆地状，有"广西盆地"之称；广西的山脉分为盆地边缘山脉和盆地内部山脉两类，以海拔800m以上的中山为主，海拔400～800m的低山次之。

2. 奔腾咆哮的江河

许多江河源于青藏高原或云南高原。雅鲁藏布江、伊洛瓦底江和怒江为印度洋水系。澜沧江、长江、元江和珠江，加上四川西北部的黄河支流白河、黑河为太平洋水系，分别注入东海、南海或渤海。在西藏还有许多注入本地湖泊的内流河水系；广西南部还有独自注入北部湾的独流水系。

雅鲁藏布江发源于西藏南部喜马拉雅山脉北麓的杰马央宗冰川，由西向东横贯西藏南部，是世界上海拔最高的大河，流经印度、孟加拉国，与恒河相汇后注入孟加拉湾。伊洛瓦底江的东源头在西藏察隅附近，流入云南后称独龙江，向西流入缅甸，与发源于缅甸北部山区的西源头迈立开江汇合后始称伊洛瓦底江；位于云南西部的大盈江、龙川江也是其支流，最后在缅甸注入印度洋的缅甸海。怒江发源于西藏唐古拉山脉吉热格帕峰南麓，流经西藏东部和云南西北部，进入缅甸后称萨尔温江，最后注入印度洋缅甸海。澜沧江发源于我国青海省南部的唐古拉山脉北麓，流经西藏东部、云南，到缅甸后称为湄公河，继续流经老挝、泰国、柬埔寨和越南后注入太平洋南海。长江发源于青藏高原，其干流流经本区的西藏、四川、云南、重庆，最后注入东海，其数百条支流辐辏我国南北，包括本区的贵州和广西。四川西北部的白河、黑河由南向北注入黄河水系。元江发源于云南大理白族自治州巍山彝族回族自治县，并有支流流经广西，进入越南后称红河，最后流入北部湾。南盘江是珠江上游，发源于云南，流经本区的贵州、广西后，由广东流入南海。广西南部地区的独流入海水系指独自注入北部湾的河流。

西南地区的大部分河流山区性特征明显，江河的落差都很大，上游河谷开阔、水流平缓、水量小，中游河谷束放相间、水流湍急；下游河谷深切狭窄、水量大、水力资源丰富。如金沙江的三峡以及怒江有"一滩接一滩，一滩高十丈"和"水无不怒石，山有欲飞峰"之说。有的江河形成壮观的瀑布，如云南的大叠水瀑布、三潭瀑布群、多依河瀑布群，广西的德天瀑布等。我国西南地区被纵横交错、大大小小的江河水系分隔成众多的、差异显著的条块，有利于野生动物生存和繁衍生息。

3. 高原珍珠——湖泊与湿地

西藏有上千个星罗棋布的湖泊，其中湖面面积大于 $1000km^2$ 的有 3 个，$1 \sim 1000km^2$ 的有 609 个；云南有 30 多个大大小小的与江河相通的湖泊，西藏和云南的湖泊大多为海拔较高的高原湖泊。贵州有 31 个湖泊，广西主要的湖泊有南湖、榕湖、东湖、灵水、八仙湖、经萝湖、大龙潭、苏关塘和连镜湖等。众多的湖泊和湖周的沼泽深浅不一，有丰富的水生植物和浮游生物，为水禽和湖泊鱼类提供了优良的食物条件和生存环境，这是这一地区物种繁多的重要原因。

二、纷繁的动物地理区系

在地球的演变过程中，我国西南地区曾发生过大陆分裂和合并、漂移和碰撞，引发地壳隆升、高原抬升、河流和湖泊形成，以及大气环流改变等各种地质和气候事件。由于印度板块与欧亚板块的碰撞和相对位移，青藏高原、云贵高原抬升，形成了众多巨大的山系和峡谷，并产生了东西坡、山脉高差等自然分隔，既有纬度、经度变化，又有垂直高度变化，引起了气候变化，并导致了植被类型的改变。受植被分化影响，原本可能是连续分布的动物居群在水平方向上（经度、纬度）或垂直方向上（海拔）被分隔开，出现地理隔离和生态隔离现象，动物种群间彼此不能进行"基因"交流，在此情况下，动物面临生存的选择，要么适应新变化，在形态、生理和遗传等方面都发生改变，衍生出新的物种或类群；要么因不能适应新环境而灭绝。

中国在世界动物地理区划中共分为 2 界、3 亚界、7 区、19 亚区，西南地区涵盖了其中的 2 界、2 亚界、4 区、7 亚区（表 1）。

1. 青藏区

青藏区包括西藏、四川西北部高原，分为羌塘高原亚区和青海藏南亚区。

羌塘高原亚区：位于西藏西北部，又称藏北高原或羌塘高原，总体海拔 4500 ~ 5000 m，每年有半年冰雪封冻期，长冬无夏，植物生长期短，植被多为高山草甸、草原、灌丛和寒漠带，有许多大小不等的湖泊。动物区系贫乏，少数适应高寒条件的种类为优势种。兽类中食肉类的代表是香鼬，数量较多的有野牦牛、藏野驴、藏原羚、藏羚、岩羊、西藏盘羊等有蹄类，啮齿

表 1　中国西南动物地理区划

界 / 亚界	区	亚区	动物群
古北界 / 中亚亚界	青藏区	羌塘高原亚区	羌塘高地寒漠动物群
			昆仑高山寒漠动物群
			高原湖盆山地草原、草甸动物群
		青海藏南亚区	藏南高原谷地灌丛草甸、草原动物群
			青藏高原东部高地森林草原动物群
东洋界 / 中印亚界	西南区	喜马拉雅亚区	西部热带山地森林动物群
			察隅—贡山热带山地森林动物群
		西南山地亚区	东北部亚热带山地森林动物群
			横断山脉热带—亚热带山地森林动物群
			云南高原林灌、农田动物群
	华中区	西部山地高原亚区	四川盆地亚热带林灌、农田动物群
			贵州高原亚热带常绿阔叶林灌、农田动物群
			黔桂低山丘陵亚热带林灌、农田动物群
	华南区	闽广沿海亚区	沿海低丘地热带农田、林灌动物群
			滇桂丘陵山地热带常绿阔叶林灌、农田动物群
		滇南山地亚区	滇西南热带—亚热带山地森林动物群
			滇南热带森林动物群

类则以高原鼠兔、灰尾兔、喜马拉雅旱獭和其他小型鼠类为主。鸟类代表是地

山雀、棕背雪雀、白腰雪雀、藏雪鸡、西藏毛腿沙鸡、漠鹏、红嘴山鸦、黄嘴

山鸦、胡兀鹫、岩鸽、雪鸽、黑颈鹤、棕头鸥、斑头雁、赤麻鸭、秋沙鸭和普

通燕鸥等。这里几乎没有两栖类，爬行类也只有红尾沙蜥、西藏沙蜥等少数几

种。里几乎没有两栖类，爬行类只见红尾沙蜥、西藏沙蜥等几种。

青海藏南亚区：系西藏昌都地区，喜马拉雅山脉中段、东段的高山带以及北麓的雅鲁藏布江谷地，主体海拔 6000m，有大面积的冻原和永久冰雪带，气候干寒，垂直变化明显，除在东南部有高山针叶林外，主要是高山草甸和灌丛。兽类以啮齿类和有蹄类为主，如鼠兔、中华鼢鼠、白唇鹿、马鹿、麝、狍等，猕猴在此达到其分布的最高海拔（3700～4200m）。高山森林和草原中鸟类混杂，有不少喜马拉雅—横断山区鸟类或只见于本亚区局部地区的鸟类，如血雉、白马鸡、环颈雉、红腹角雉、绿尾虹雉、红喉雉鹑、黑头金翅雀、雪鸽、藏雀、朱鹀、藏鹀、黑头噪鸦、灰腹噪鹛、棕草鹛、红腹旋木雀等。爬行类中有青海沙蜥、西藏沙蜥、拉萨岩蜥、喜山岩蜥、拉达克滑蜥、高原蝮、西藏喜山蝮和温泉蛇等，但通常数量稀少。两栖类以高原物种为特色，倭蛙属、齿突蟾属物种为此区域的优势种，常见的还有山溪鲵和几种蟾蜍、异角蟾、湍蛙等。

2. 西南区

西南区包括四川西部山区、云贵高原以及西藏东南缘，以高原山地为主体，从北向南逐渐形成高山深谷和山岭纵横、山河并列的横断山系，主体海拔 1000～4000m，最高的贡嘎山山峰高达 7556m；在云南西部，谷底至山峰的高差可达 3000m 以上。分为喜马拉雅亚区和西南山地亚区。

喜马拉雅亚区：其中的喜马拉雅山南坡及波密—察隅针叶林带以下的山区自然垂直变化剧烈，植被也随海拔高度变化而呈现梯度变化，有高山灌丛、草甸、寒漠冰雪带（海拔 4200m 以上），山地寒温带暗针叶林带（海拔 3800～4200m），山地暖温带针阔叶混交林带（海拔 2300～3800m），山地亚热带常绿阔叶林带（海拔 1100～2300m），低山热带雨林带（海拔 1100m 以

17

下）；自阔叶林带以下属于热带气候。

藏东南高山区的动物偏重于古北界成分，种类贫乏；低山带以东洋界种类占优势，分布狭窄的土著种较丰富。由于雅鲁藏布江伸入到喜马拉雅山主脉北翼，在大拐弯区形成的水汽通道成为东洋界动物成分向北伸延的豁口，亚热带阔叶林、山地常绿阔叶带以东洋界成分较多，东洋界与古北界成分沿山地暗针叶林上缘相互交错。兽类的代表物种有不丹羚牛、小熊猫、麝、塔尔羊、灰尾兔、灰鼠兔；鸟类的代表有红胸角雉、灰腹角雉、棕尾虹雉、褐喉旋木雀、火尾太阳鸟、绿背山雀、杂色噪鹛、红眉朱雀、红头灰雀等；爬行类有南亚岩蜥、喜山小头蛇、喜山钝头蛇；两栖类以角蟾科和树蛙科物种占优，特有种如喜山蟾蜍、齿突蟾属部分物种和舌突蛙属物种。

西南山地亚区：主要指横断山脉。总体海拔 2000 ~ 3000m，分属于亚热带湿润气候和热带—亚热带高原型湿润季风气候。植被类型主要有高山草甸、亚高山灌丛草甸，以铁杉、槭和桦为标志的针阔叶混交林—云杉林—冷杉林，亚热带山地常绿阔叶林。横断山区不仅是很多物种的分化演替中心，而且也是北方物种向南扩展、南方物种向北延伸的通道，这种相互渗透的南北区系成分，造就了复杂的动物区系和物种组成。

兽类南方型和北方型交错分布明显，北方种类分布偏高海拔带，南方种类分布偏低海拔带。分布在高山和亚高山的代表性物种有滇金丝猴、黑麝、羚牛、小熊猫、大熊猫、灰颈鼠兔等；猕猴、短尾猴、藏酋猴、西黑冠长臂猿、穿山甲、狼、豺、赤狐、貉、黑熊、大灵猫、小灵猫、果子狸、野猪、赤麂、水鹿、北树鼩。有多种菊头蝠和蹄蝠等广泛分布在本亚区；本亚区还是许多食虫类动物的分布中心。

　　繁殖鸟和留鸟以喜马拉雅—横断山区的成分比重较大，且很多为特有种；冬候鸟则以北方类型为主。分布于亚高山的有藏雪鸡、黄喉雉鹑、血雉、红胸角雉、红腹角雉、白尾梢虹雉、绿尾虹雉、藏马鸡、白马鸡以及白尾鹞、燕隼等。黑颈长尾雉、白腹锦鸡、环颈雉栖息于常绿阔叶林、针阔叶混交林及落叶林或林缘山坡草灌丛中。绿孔雀主要分布在滇中、滇西的常绿阔叶林、落叶松林针阔叶混交林和稀树草坡环境中。灰鹤、黑颈鹤、黑鹳、白琵鹭、大天鹅，以及鸳鸯、秋沙鸭等多种雁鸭类冬天到本亚区越冬，喜在湖泊周边湿地、沼泽以及农田周边觅食。

　　两栖和爬行动物几乎全属横断山型，只有少数南方类型在低山带分布，土著种多。爬行类代表有在山溪中生活的平胸龟、云南闭壳龟、黄喉拟水龟；在树上、地上生活的丽棘蜥、裸耳龙蜥、云南龙蜥、白唇树蜥；在草丛中生活的昆明龙蜥、山滑蜥；在雪线附近生活的雪山蝮、高原蝮；在土壤中穴居生活的云南两头蛇、白环链蛇、紫灰蛇、颈棱蛇；营半水栖生活的八线腹链蛇，生活在稀树灌丛或农田附近的红脖颈槽蛇、银环蛇、金花蛇、中华珊瑚蛇、眼镜蛇、白头蝰、美姑脊蛇、白唇竹叶青、方花蛇等。我国特有的无尾目 4 个属均集中分布在横断山区，山溪鲵、贡山齿突蟾、刺胸齿突蟾、胫腺蛙、腹斑倭蛙等生活在海拔 3000m 以上的地下泉水出口处或附近的水草丛中；大蹼铃蟾、哀牢髭蟾、筠连臭蛙、花棘蛙、棘肛蛙、棕点湍蛙、金江湍蛙等常生活在常绿阔叶林下的小山溪或溪旁潮湿的石块下，或苔藓、地衣覆盖较好的环境中或树洞中。

3. 华中区

西南地区只涉及华中区的西部山地高原亚区，主要包括秦岭、淮阳山地、四川盆地、云贵高原东部和南岭山地。地势西高东低，山区海拔一般为500～1500 m，最高可超过3000 m。从北向南分别属于温带—亚热带、湿润—半湿润季风气候和亚热带湿润季风气候。植被以次生阔叶林、针阔叶混交林和灌丛为主。

西部山地高原亚区：北部秦巴山的低山带以华北区动物为主，高山针叶林带以上则以古北界动物为主，南部贵州高原倾向于华南区动物，四川盆地由于天然森林为农耕及次生林灌取代，动物贫乏。典型的林栖动物保留在大巴山、金佛山、梵净山、雷山等山区森林中，如猕猴、藏酋猴、川金丝猴、黔金丝猴、黑叶猴、林麝等；营地栖生活的赤腹松鼠、长吻松鼠、花松鼠为许多地区的优势种；岩栖的岩松鼠是林区常见种；毛冠鹿生活于较偏僻的山区；小麂、赤麂、野猪、帚尾豪猪、北树鼩、三叶蹄蝠、斑林狸、中国鼩猬、华南兔较适应次生林灌环境；平原农耕地区常见的是鼠类，如褐家鼠、小家鼠、黑线姬鼠、高山姬鼠、黄胸鼠、针毛鼠或大足鼠、中华竹鼠。本亚区代表性鸟类有灰卷尾、灰背伯劳、噪鹃、大嘴乌鸦、灰头鸦雀、红腹锦鸡、灰胸竹鸡、白领凤鹛、白颊噪鹛等；贵州草海是重要的水禽、涉禽和其他鸟类，如黑颈鹤等的栖息地或越冬地。爬行动物主要有铜蜓蜥、北草蜥、虎斑颈槽蛇、乌华游蛇、黑眉晨蛇、乌梢蛇、王锦蛇、玉斑蛇、紫灰蛇等。本亚区两栖动物以蛙科物种为主，角蟾科次之，是有尾类大鲵属、小鲵属、肥鲵属和拟小鲵属的主要分布区。

20

4. 华南区

本书涉及的华南区大约为北纬 25°以南的云南、广西及其沿海地区。以山地、丘陵为主，还分布有平原和山间盆地。除河谷和沿海平原外，海拔多为 500～1000 m。是我国的高温多雨区，主要植被是季雨林、山地雨林、竹林，以及次生林、灌丛和草地。可分为闽广沿海亚区和滇南山地亚区。

闽广沿海亚区：在本书范围内系指广西南部，属亚热带湿润季风气候。地形主要是丘陵以及沿河、沿海的冲积平原。本亚区每年冬季有大量来自北方的冬候鸟，是我国冬候鸟种类最多的地区；其他代表性鸟类有褐胸山鹧鸪、棕背伯劳、褐翅鸦鹃、小鸦鹃、叉尾太阳鸟、灰喉山椒鸟等。爬行类与两栖类区系组成整体上是华南区与华中区的共有成分，以热带成分为标志，如爬行类有截趾虎、原尾蜥虎、斑飞蜥、变色树蜥、长鬣蜥、长尾南蜥、鳄蜥、古氏草蜥、黑头剑蛇、金花蛇、泰国圆斑蝰等，两栖类有尖舌浮蛙、花狭口蛙、红吸盘棱皮树蛙、小口拟角蟾、瑶山树蛙、广西拟髭蟾、金秀纤树蛙、广西瘰螈等。

滇南山地亚区：包括云南西部和南部，是横断山脉的南延部分，高山峡谷已和缓，有不少宽谷盆地出现，属于亚热带—热带高原型湿润季风气候。植被类型主要为常绿阔叶季雨林，有些低谷为稀树草原，本亚区与中南半岛毗连，栖息条件优越。

本亚区南部东洋型动物成分丰富，兽类和繁殖鸟中有一些属喜马拉雅—横断山区成分，但冬候鸟则以北方成分为主。一些典型的热带物种，如兽类中的蜂猴、东黑冠长臂猿、亚洲象、鼷鹿，鸟类中的鹦鹉、蛙口夜鹰、犀鸟、阔嘴鸟等，其分布范围大都以本亚区为北限。热带森林中，优越的栖息条件导致动物优势种类现象不明显，在一定的区域环境内，往往栖息着许多习性相似的种类。食物丰富则有利于一些狭食性和专食性动物，如热带森林中嗜食白蚁的穿山甲，专食竹类和山姜子根茎的竹鼠，以果类特别是榕树果实为食的绿鸠、犀鸟、拟啄木鸟、鹎、啄花鸟和太阳鸟等，以及以蜂类为食的蜂虎。我国其他地方普遍存在的动物活动的季节性变化在本亚区并不明显。

兽类有许多适应于热带森林的物种，如林栖的中国毛猬、东黑冠长臂猿、北白颊长臂猿、倭蜂猴、马来熊、大斑灵猫、亚洲象；在雨林中生活，也会到次生林和稀树草坡休息的印度野牛、水鹿；热带丘陵草灌丛中的小鼷鹿；洞栖的蝙蝠类；热带竹林中的竹鼠等。鸟类的热带物种代表之一是大型鸟类，如栖息在大型乔木上的犀鸟，喜在林缘、次生林及水域附近活动的红原鸡、灰孔雀雉、绿孔雀、水雉；中小型代表鸟类有绿皇鸠、山皇鸠、灰林鸽、黄胸织雀、长尾阔嘴鸟、蓝八色鸫、绿胸八色鸫、厚嘴啄花鸟、黄腰太阳鸟等。喜湿的热带爬行动物非常丰富，陆栖型的如凹甲陆龟、锯缘摄龟；在林下山溪或小河中的山瑞鳖，在大型江河中的鼋；喜欢在村舍房屋缝隙或树洞中生活的壁虎科物种；草灌中的长尾南蜥、多线南蜥；树栖的斑飞蜥、过树蛇；穴居的圆鼻巨蜥、伊江巨蜥、蟒蛇；松软土壤里的闪鳞蛇、大盲蛇；喜欢靠近水源的金环蛇、银环蛇、眼镜蛇、丽纹腹链蛇。本区两栖动物繁多，树蛙科和姬蛙科属种尤为丰富。较典型的代表有生活在雨林下山溪附近的版纳鱼螈、滇南臭蛙、版纳大头蛙、勐养湍蛙。树蛙科物种常见于雨林中的树上、林下灌丛、芭蕉林中，有喜欢在静水水域的姬蛙科物种以及虎纹蛙、版纳水蛙、黑斜线水蛙、黑带水蛙，还有体形特别小的圆蟾浮蛙、尖舌浮蛙等。

三、特点突出的野生动物资源

西南地区由于地理位置特殊、海拔高差巨大、地形地貌复杂，从而形成了从热带直到寒带的多种气候类型，以及相应的复杂而丰富多彩的生境类型，不但让各类动物找到了相适应的环境条件，也孕育了多姿多彩的动物物种多样性和种群结构的特殊性。

1. 物种多样性丰富

我国西南地区的垂直变化从海平面到海拔 8844 m，巨大的海拔高差导致了巨大的气候、植被和栖息地类型变化，从常绿阔叶林到冰川冻原，不同海拔高度的生境类型多呈镶嵌式分布，形成了可孕育丰富多彩的野生动物多样性的环境。世界动物地理区划的东洋界和古北界的分界线正好穿过我国西南地区，两界的动物成分在水平方向和海拔垂直高度两个维度上相互交错和渗透。西南地区成为我国乃至全世界在目、科、属、种及亚种各分类阶元分化和数量都最为丰富的区域。从表 2 可看到，虽然西南地区只占我国陆地面积的 27%，但所分布的已知脊椎动物物种数却占了全国物种总数的 73.4%。

在哺乳动物方面，根据蒋志刚等《中国哺乳动物多样性（第 2 版）》（2017）和《中国哺乳动物多样性及地理分布》（2015）以及其他文献统计，中国已记录哺乳动物 13 目 56 科 251 属 698 种；其中有 12 目 43 科 176 属 452 种分布在西南 6 省（直辖市、自治区），依次分别占全国的 92%、77%、70% 和 65%。在鸟类方面 根据郑光美等《中国鸟类分类与分布名录（第 3 版）》（2017）以及其他文献统计，中国已记录鸟类 26 目 109 科 504 属 1474 种；其中有 25 目 104 科 450 属 1182 种分布在西南地区，依次分别占

表 2　中国西南脊椎动物物种数统计

	哺乳类	鸟类	爬行类	两栖类	合计	占比 (%)
云南	313	952	215	175	1655	52.0
四川	235	690	103	102	1130	35.5
广西	151	633	176	112	1072	33.7
西藏	183	619	79	63	944	29.6
贵州	153	488	102	86	829	26.0
重庆	109	376	41	47	573	18.0
西南	452	1182	350	354	2338	73.4
全国	698	1474	505	507	3184	/

全国的 96%、95%、89% 和 80%。在爬行类方面，根据蔡波等《中国爬行纲动物分类厘定》（2015）和其他文献统计，中国爬行动物已有 3 目 30 科 138 属 505 种，其中 2 目 24 科 108 属 350 种分布在西南地区，依次分别占全国的 67%、80%、78% 和 69%。在两栖类方面，截止到 2019 年 7 月，中国两栖类网站共记录中国两栖动物 3 目 13 科 61 属 507 种，其中有 3 目 13 科 51 属 354 种分布在西南地区，依次分别占全国的 100%、100%、84% 和 70%。我国 34 个省（直辖市、自治区）中，分布于云南、四川和广西的脊椎动物种类是最多的。

2. 特有类群多

由于西南地区自然环境复杂，地形差异大，气候和植被类型多样，地理隔离明显，孕育并发展了丰富的动物资源，其中许多是西南地区特有的。在已记录的 3184 种中国脊椎动物中，在中国境内仅分布于西南地区 6 省（直辖市、自治区）的有 932 种（29.3%）。在已记录的 786 种中国特有种（特有比例 24.7%）中，488 种（62.1%）在西南地区有分布，其中 301 种（38.3%）仅分布在西南地区。两栖类的中国特有种比例高达 49.5%，并且其中的 47.7% 仅分布在西南地区（表 3）。

表 3　中国脊椎动物（未含鱼类）特有种及其在西南地区的分布

中国物种数	在中国仅分布于西南地区的物种数及百分比（%）	中国特有种数及百分比（%）	中国特有种	
			在西南地区有分布的物种数及百分比（%）	仅分布于西南地区的物种数及百分比（%）
哺乳类 698	201（28.8）	154（22.1）	104（67.5）	53（34.4）
鸟类 1474	316（21.4）	104（7.1）	55（59.6）	10（10.6）
爬行类 505	164（32.5）	174（34.5）	99（56.9）	69（39.7）
两栖类 507	251（49.5）	354（69.8）	230（65.0）	169（47.7）
合计 3184	932（29.3）	786（24.7）	488（62.1）	301（38.3）

在哺乳类中，长鼻目、攀鼩目、鳞甲目，以及鞘尾蝠科、假吸血蝠科、蹄蝠科、熊科、大熊猫科、小熊猫科、灵猫科、獴科、猫科、猪科、鼷鹿科、刺山鼠科、豪猪科在我国分布的物种全部或主要分布于西南地区；我国灵长目 29 个物种中的 27 个、犬科 8 个物种中的 7 个都主要分布于西南地区。全球仅在我国西南地区分布的受威胁物种有：黔金丝猴（CR）、贡山麂（CR）、滇金丝猴（EN）、四川毛尾睡鼠（EN）、峨眉鼩鼹（VU）、宽齿鼹（VU）、四川羚牛（VU）、黑鼠兔（VU）。

在鸟类中，蛙口夜鹰科、凤头雨燕科、咬鹃科、犀鸟科、鹦鹉科、八色鸫科、阔嘴鸟科、黄鹂科、翠鸟科、卷尾科、王鹟科、玉鹟科、燕鸣科、钩嘴鸡科、雀鹛科、扇尾莺科、鸫科、河乌科、太平鸟科、叶鹎科、啄花鸟科、花蜜鸟科、织雀科在我国分布的物种全部或主要分布于西南地区。全球仅在我国西南地区分布的受威胁物种有：四川山鹧鸪（EN）、弄岗穗鹛（EN）、暗色鸦雀（VU）、金额雀鹛（VU）、白点噪鹛（VU）、灰胸薮鹛（VU）、滇䴓（VU）。

在爬行类中，裸趾虎属、龙蜥属、攀蜥属、树蜥属、拟树蜥属、喜山腹链蛇属和温泉蛇属在我国分布的物种全部或主要分布在西南地区。全球仅在我国西南地区分布的受威胁物种有：百色闭壳龟（CR）、云南闭壳龟（CR）、四川温泉蛇（CR）、温泉蛇（CR）、香格里拉温泉蛇（CR）、横纹玉斑蛇（EN）、荔波睑虎（EN）、瓦屋山腹链蛇（EN）、墨脱树蜥（VU）、云南两头蛇（VU）。

在两栖类中，拟小鲵属、山溪鲵属、齿蟾属、拟角蟾属、舌突蛙属、小跳蛙属、费树蛙属、小树蛙属、灌树蛙属和棱鼻树蛙属在我国分布的物种全部或主要分布在西南地区。全球仅在我国西南地区分布的极危物种（CR）有：金佛拟小鲵、普雄拟小鲵、呈贡蝾螈、凉北齿蟾、花齿突蟾；濒危物种（EN）有：猫儿山小鲵、宽阔水拟小鲵、水城拟小鲵、织金瘰螈、普雄齿蟾、金顶齿突蟾、木里齿突蟾、峨眉髭蟾、广西拟髭蟾、原髭蟾、高山掌突蟾、抱龙异角蟾、墨脱异角蟾、花棘蛙、双团棘胸蛙、棘肛蛙、峰斑林蛙、老山树蛙、巫溪树蛙、洪佛树蛙、瑶山树蛙；此外还有 43 个易危物种（VU）。

3. 受威胁和受关注物种多

虽然西南地区的动物物种多样性非常丰富，但每个物种的丰富度相差极大，大多数物种的生存环境较为脆弱，种群数量偏少、密度较低。加上近年来人类活动的干扰强度不断加大，栖息地遭到不同程度的破坏而丧失或质量下降，导致部分物种濒危甚至面临灭绝的危险。从表 4 统计的中国脊椎动物红色名录评估结果来看，我国陆生脊椎动物的受威胁物种（极危 + 濒危 + 易危）占全部物种的 19.8%，受关注物种（极危 + 濒危 + 易危 + 近危 + 数据缺乏）占全部物种的 45.9%，研究不足或缺乏了解物种（数据缺乏 + 未评估）占全部物种的 19.5%；西南地区与全国的情况相近，无明显差别。从不同类群来看，两栖类的受威胁物种比例最高（35.6%），其次是哺乳类（27.7%）和爬行类（24.3%）。

表4　中国西南脊椎动物（未含鱼类）红色名录评估结果统计

	哺乳类		鸟类		爬行类		两栖类		合计	
	全国	西南	全国	西南	全国	西南	全国	西南	全国	西南
灭绝（EX）	0	0	0	0	0	0	1	1	1	1
野外灭绝（EW）	3	1	0	0	0	0	0	0	3	1
地区灭绝（RE）	3	3	3	1	0	0	1	0	7	4
极危（CR）	55	37	14	9	35	24	13	7	117	77
濒危（EN）	52	36	51	39	37	26	47	30	187	131
易危（VU）	66	52	80	69	65	35	117	89	328	245
近危（NT）	150	105	190	159	78	52	76	54	494	370
无危（LC）	256	155	886	759	177	133	108	79	1427	1126
数据缺乏（DD）	70	32	150	80	66	45	51	40	337	197
未评估（NE）	43	31	100	66	47	35	93	54	283	186
合计	698	452	1474	1182	505	350	507	354	3184	2338
受威胁物种 (%)*	24.8	27.7	9.8	9.9	27.1	24.3	34.9	35.6	19.8	19.4
受关注物种 (%)**	56.3	58.0	32.9	30.1	55.6	52.0	60.0	62.1	45.9	43.6
缺乏了解物种 (%)***	16.2	13.9	17.0	12.4	22.4	22.9	28.4	26.6	19.5	16.4

注：* 指极危、濒危和易危物种的合计；** 指极危、濒危、易危、近危和数据缺乏物种的合计；
　　*** 指数据缺乏和未评估物种的合计。

4. 重要的候鸟迁徙通道和越冬地

全球八大鸟类迁徙路线中，有两条贯穿我国西南地区。一是中亚迁徙路线的中段偏东地带，在俄罗斯中西部及西伯利亚西部、蒙古国，以及我国内蒙古东部和中部草原、陕西地区繁殖的候鸟，秋季时飞过大巴山、秦岭等山脉，穿越四川盆地，经云贵高原的横断山脉向南，有些则飞越喜马拉雅山脉、唐古拉山脉、巴颜喀拉山脉和祁连山脉向南，然后在我国青藏高原南部、云贵高原，或南亚次大陆越冬。这条路线跨越许多海拔 5000～8000 m 的高山，是全球海拔最高的迁徙线路。二是西亚—东非迁徙路线的中段偏东地带，东起内蒙古和甘肃西部以及新疆大部分地区，沿昆仑山脉向西南进入西亚和中东地区，有些则飞越青藏高原后进入南亚次大陆越冬，还有部分鸟类继续飞跃印度洋至非洲越冬。

我国西南地区不仅是候鸟迁飞的重要通道和中间停歇地，也是许多鸟类的重要越冬地，西南地区记录的 41 种雁形目鸟类中，有 30 多种是每年从北方飞来越冬的冬候鸟。在西藏等地区，除可以看到长途迁徙的大量候鸟外，还有像黑颈鹤那样，春季在青藏高原的高海拔地区繁殖，秋季迁徙到距离不远的低海拔河谷地区避寒越冬的种类，形成独特的区内迁徙。

四、生物多样性保护的全球热点

西南地区是我国少数民族的主要聚居地，各民族都有自己悠久的历史和丰富多彩的文化，在不同的生活环境和条件下，不同民族创造并以适合自己的方式繁衍生息。在长期的生活和生产活动中，许多民族逐渐认识并与自然和动物建立了紧密联系，产生了朴素的自然保护意识。如藏族人将鹤类，以及胡兀鹫、秃鹫、高山兀鹫等猛禽奉为"神鸟"；傣族人把孔雀和鹤，阿昌人把白腹锦鸡，白族人把鹤敬为"神鸟"而加以保护。但由于西南地区山高谷深、交通闭塞、生产力低下，直到 20 世纪中后期，仍有边疆少数民族依靠采集野生植物和猎捕鸟兽来维持生计，野生动物是其食物蛋白的重要来源或重要的治病药材，导致一些动物特别是大型脊椎动物的数量不断下降。特别是在 20 世纪 50 年代以后，在经济和社会发展迅速、人口迅猛增加的同时，野生动植物也成为商品而产生了大量交易，西南地区出现了严重的乱砍滥伐和乱捕滥猎等问题，野生动物栖息地不断遭到损毁，野生动物生存空间日益缩小，动物种群数量不断下降，有的甚至遭到了灭顶之灾。如因昆明滇池 1969 年开始进行"围湖造田"，加上城市污水直排入湖等原因，导致了生活于滇池周边的滇螈因失去产卵场所和湖水严重污染而灭绝。

为此，中国政府自 20 世纪 80 年代开始，将生物多样性保护列入了基本国策，签署和加入了一系列国际保护公约，颁布实施了多部法律或法规，将生态系统和生物多样性保护纳入法律体系内。我国西南地区相继有一批重要地点被列入全球或全国的重要保护项目或计划中（表 5、表 6），从而使这些独特而重要的地点依法、依规得到了保护。特别是在 21 世纪到来之际，中国在开始实施西部大开发战略的同时，还启动了天然林保护工程、退耕还林工程、野生动植物保护及自然保护区建设工程、长江中上游防护林体系建设工程等多项环境和生物多样性保护的重大工程，西南地区在其

30

中都是建设的重点，并取得了许多重要进展，西南地区生物多样性下降的总体趋势有所减缓，但还未得到完全有效的遏制。西南地区是我国社会和经济发展较为落后的贫困区，但同时也是发展最为迅速的区域，在2013—2018年这6年中，我国大陆31个省（直辖市、自治区）的GDP增速排名前三的省（直辖市、自治区）基本都出自西南地区，伴随而来的是人类活动强度不断增加，自然环境受到的干预和破坏不断加速加重，导致了栖息地退化或丧失、环境污染现象，再加上气候变化、外来物种入侵的影响，这一区域的生命支持系统正在承受着前所未有的压力。例如在2000—2010年，如果我们仅关注林地面积减少（与林地增长分别统计），云南、广西、四川的林地丧失面积分别排名全国第1、2、4位，广西、贵州的年均林地丧失率排名全国第1、3位。

　　拥有丰富、多样而独特的资源本底，加上正在经历历史上最快速的变化，我国西南地区的环境和生物多样性保护受到了国内外的高度关注，在全球36个生物多样性保护热点地区中，涉及我国的有3个——印缅地区、中国西南山地和喜马拉雅，它们在我国的范围全部都位于西南地区（表5）。我国在西南地区建立了102个国家级自然保护区（表6），约占全国国家级自然保护区总面积的45%。野生动物资源保护事关生态安全和社会经济的可持续发展。我国正从环境付出和资源输出型大国向依靠科技力量保护环境和可持续利用自然资源的发展方式转型。生态文明建设成为国家总体战略布局的重要组成部分，本着尊重自然、顺应自然、保护自然，绿水青山就是金山银

表 5　中国西南 6 省（直辖市、自治区）被列入全球重要保护项目或计划的地点

类别	数量		名称（所属省、直辖市、自治区）
	全国	西南	
世界文化自然双重遗产	4	1	峨眉山—乐山大佛风景名胜区（四川）
世界自然遗产	13	8	黄龙风景名胜区（四川）、九寨沟风景名胜区（四川）、大熊猫栖息地（四川）、三江并流保护区（云南）、中国南方喀斯特（云南、贵州、重庆、广西）、澄江化石遗址（云南）、中国丹霞（包括贵州赤水、福建泰宁、湖南崀山、广东丹霞山、江西龙虎山、浙江江郎山等 6 处）、梵净山（贵州）
世界生物圈保护区	34	11	卧龙（四川）、黄龙（四川）、亚丁（四川）、九寨沟（四川）、茂兰（贵州）、梵净山（贵州）、珠穆朗玛（西藏）、高黎贡山（云南）、西双版纳（云南）、山口红树林（广西）、猫儿山（广西）
世界地质公园	39	7	石林（云南）、大理苍山（云南）、织金洞（贵州）、兴文石海（四川）、自贡（四川）、乐业—凤山（广西）、光雾山—诺水河（四川）
国际重要湿地	57	11	大山包（云南）、纳帕海（云南）、拉市海（云南）、碧塔海（云南）、色林错（西藏）、玛旁雍错（西藏）、麦地卡（西藏）、长沙贡玛（四川）、若尔盖（四川）、北仑河口（广西）、山口红树林（广西）
全球生物多样性保护热点地区	3	3	印缅地区（西藏、云南）、中国西南山地（云南、四川）、喜马拉雅（西藏）

表6　中国西南6省（直辖市、自治区）已建立的国家级自然保护区

地名	数量	名称
广西壮族自治区	23	银竹老山资源冷杉、七冲、邦亮长臂猿、恩城、元宝山、大桂山鳄蜥、崇左白头叶猴、大明山、千家洞、花坪、猫儿山、合浦营盘港—英罗港儒艮、山口红树林、木论、北仑河口、防城金花茶、十万大山、雅长兰科植物、岑王老山、金钟山黑颈长尾雉、九万山、大瑶山、弄岗
重庆市	6	五里坡、阴条岭、缙云山、金佛山、大巴山、雪宝山
四川省	32	千佛山、栗子坪、小寨子沟、诺水河珍稀水生动物、黑竹沟、格西沟、长江上游珍稀特有鱼类、龙溪—虹口、白水河、攀枝花苏铁、画稿溪、王朗、雪宝顶、米仓山、唐家河、马边大风顶、长宁竹海、老君山、花萼山、蜂桶寨、卧龙、九寨沟、小金四姑娘山、若尔盖湿地、贡嘎山、察青松白唇鹿、长沙贡玛、海子山、亚丁、美姑大风顶、白河、南莫且湿地
云南省	20	乌蒙山、云龙天池、元江、轿子山、会泽黑颈鹤、哀牢山、大山包黑颈鹤、药山、无量山、永德大雪山、南滚河、云南大围山、金平分水岭、黄连山、文山、西双版纳、纳板河流域、苍山洱海、高黎贡山、白马雪山
贵州省	10	佛顶山、宽阔水、习水中亚热带常绿阔叶林、赤水桫椤、梵净山、麻阳河、威宁草海、雷公山、茂兰、大沙河
西藏自治区	11	麦地卡湿地、拉鲁湿地、雅鲁藏布江中游河谷黑颈鹤、类乌齐马鹿、芒康滇金丝猴、珠穆朗玛峰、羌塘、色林错、雅鲁藏布大峡谷、察隅慈巴沟、玛旁雍错湿地
合计	102	

注：至2018年，我国有国家级自然保护区474个。

山的理念，我国正在加紧实施重要生态系统保护和修复重大工程，并在脱贫攻坚战中坚持把生态保护放在优先位置，探索生态脱贫、绿色发展的新路子，让贫困人口从生态建设与修复中得到实惠。面对我国野生动植物资源保护的严峻形势，面对生态文明建设和优化国家生态安全屏障体系的新要求，西南地区野生动物保护工作任重而道远，需要政府、科学家和公众共同携手努力，才能确保野生动植物资源保护不仅能造福当代，还能惠及子孙，为实现中国梦和建设美丽中国做出贡献！

五、本书概况

本丛书分为 5 卷 7 本，以图文并茂的方式逐一展示和介绍了我国西南地区约 2000 种有代表性的陆栖脊椎动物和昆虫。每个物种都配有 1 幅以上精美的原生态图片，介绍或描述了每个物种的分类地位、主要识别特征，濒危或保护等级，重要的生物学习性和生态学特性，有的还涉及物种的研究史、人类利用情况和保护现状与建议等。哺乳动物卷介绍了 11 目 30 科 76 属 115 种，为本区域已知物种的 26%；鸟类卷（上、下）介绍了云南已知鸟类 700 余种，为本区域已知物种的 64%；爬行动物卷介绍了爬行动物 2 目 22 科 90 属 230 种，其中有 2 个属、13 种蜥蜴和 2 种蛇为本书首次发表的新属或新种，为本区域已知物种的 66%；两栖动物卷介绍了 300 余种，为本区域已知物种的 91%。以上 5 卷合计介绍了本区域已知陆栖脊椎动物的 60%。昆虫卷（上、下）介绍了西南地区近 700 种五彩缤纷的昆虫。《前言》部分介绍了造就我国西南地区丰富的物种多样性的自然环境和条件，复杂的动物地理区系，以及本区域野生动物资源的突出特点，强调了地形地貌和气候的复杂性是形成西南地区野生动物多样性和特殊性的主要原因，并对本区域动物多样性保护的重要性进行了简要论述。

　　本书是在国内外众多科技工作者辛勤工作的大量成果基础上编写而成的。本书采用的分类系统为国际或国内分类学家所采用的主流分类系统，反映了国际上分类学、保护生物学等研究的最新成果，具体可参看每一卷的《后记》。本书主创人员中，有的既是动物学家也是动物摄影家。由于珍稀濒危动物大多分布在人迹罕至的荒野，或分布地极其狭窄，或对人类的警戒性较强，还有不少物种人们对其知之甚少，甚至还没有拍到过原生态照片，许多拍摄需在人类无法生存的地点进行长时间追踪或蹲守，因而本书非常难得地展示了许多神秘物种的芳容，如本书发表的 13 种蜥蜴和 2 种蛇新种就是首次与读者见面。作为展示我国西南地区博大深邃的动物世界的一个窗口，本书每幅精美的图片记录的只是历史长河中匆匆的一瞬间，但只要用心体会，就可窥探到其暗藏的故事，如动物的行为状态、栖息或活动场所等，从中可以看出动物的喜怒哀乐、栖息环境的大致现状等。我们真诚地希望本书能让更多的公众进一步认识和了解野生动物的美，以及它们的自然价值和社会价值，认识和了解到有越来越多的野生动物正面临着生存的危机和灭绝的风险，唤起人们对野生动物的关爱，激发越来越多的公众主动投身到保护环境、保护生物多样性、保护野生动物的伟大事业中，为珍稀濒危动物的有效保护做贡献。

　　衷心感谢北京出版集团对本书选题的认可和给予的各种指导与帮助，感谢中国科学院战略性先导科技专项 XDA19050201、XDA20050202 和

XDA 23080503 对编写人员的资助。我们谨向所有参与本书编写、摄影、编辑和出版的人员表示衷心的感谢，衷心感谢季维智院士对本书编写工作给予的指导并为本书作序。由于编著者学识水平和能力所限，错误和遗漏在所难免，我们诚恳地欢迎广大读者给予批评和指正。

2019年9月于昆明

《前言》主要参考资料

【01】IUCN. The IUCN Red List of Threatened Species. 2019.

Version 2019-1[DB]. https://www.iucnredlist.org.

【02】蔡波, 王跃招, 陈跃英, 等. 中国爬行纲动物分类厘定 [J]. 生物

多样性. 2015, 23(3): 365-382.

【03】蒋志刚, 江建平, 王跃招, 等. 中国脊椎动物红色名录 [J]. 生物

多样性. 2016, 24(5): 500-551.

【04】蒋志刚, 刘少英, 吴毅, 等. 中国哺乳动物多样性（第 2 版）[J].

生物多样性. 2017, 25 (8): 886-895.

【05】蒋志刚, 马勇, 吴毅, 等. 中国哺乳动物多样性及地理分布 [M].

北京 : 科学出版社, 2015.

【06】张荣祖. 中国动物地理 [M]. 北京 : 科学出版社, 1999.

【07】郑光美主编. 中国鸟类分类与分布名录（第 3 版）[M]. 北京 : 科

学出版社, 2017.

【08】中国科学院昆明动物研究所. 中国两栖类信息系统 [DB].

2019.http://www.amphibiachina.org.

目录

43

46

雁形目
ANSERIFORMES

栗树鸭
Dendrocygna javanica

　　体长约40 cm；头顶棕褐色，眼具狭窄的黄眼圈，上体棕黄色，尾上覆羽、下胸和腹为栗色，大覆羽及飞羽黑褐色；两性相似。活动于热带和亚热带地区的池塘、湖泊、水库和沼泽中。性机警、喜结群。以植物性食物为主，常到稻田觅食。在我国长江中下游为夏候鸟，在云南、广西、广东、福建、海南为留鸟，在台湾为迷鸟；国外见于南亚和东南亚。

鸭科 Anatidae
中国评估等级：易危（VU）
世界自然保护联盟（IUCN）评估等级：易危（VU）

鸿雁
Anser cygnoides

　　体长约90 cm；嘴黑色，嘴基到前额有黑色疣状突，其后有一条明显的白色纹，头顶至后颈棕褐色；背部暗褐色，头侧、颏、喉淡棕色，前颈及下腹至尾下覆羽白色，两肋有褐色横斑；两性相似，雌性略小。栖息于湖泊、水塘、沼泽等湿地。以植物性食物为主，繁殖季也吃少量甲壳类和软体动物。我国主要见于北方和长江下游地区，偶见于台湾、云南等地；国外分布于哈萨克斯坦、俄罗斯、蒙古国、韩国、朝鲜、日本。

鸭科 Anatidae
中国评估等级：易危（VU）
世界自然保护联盟（IUCN）评估等级：易危（VU）

53

豆雁
Anser fabalis

体长约85 cm；嘴黑色，先端有橙色带斑，头、颈棕褐色，上体余部大多灰褐色，具白色羽端；喉、胸淡棕色，尾上覆羽、尾下覆羽和外侧尾羽端部纯白；腹部白色，两肋具灰褐色横斑，脚橙黄色；两性相似。主要栖息于开阔的平原草地、沼泽、水库、江河、湖泊及海岸和农田附近。迁徙季节常集成数十、数百，甚至上千只的大群；冬季常结成几只或几十只的群体，在沼泽和湖泊浅滩地带觅食。以植物性食物为主。迁徙时见于我国东北及华北，冬季见于长江中下游地区、东南沿海各省；国外在欧洲和亚洲泰加林地带繁殖。

鸭科 Anatidae
中国评估等级：无危（LC）
世界自然保护联盟（IUCN）评估等级：无危（LC）

54

灰雁
Anser anser

体长约85 cm；头至后颈灰色，略带褐色，上体余部大多灰褐色，具淡棕色羽端；下体白，杂有不规则暗褐色小块斑；尾上覆羽、尾下覆羽和外侧尾羽端部纯白；嘴和脚粉红色；雌雄相似，雌体略小。冬季常结成几只或几十只的群体，在湖泊浅滩地带觅食。食物主要为水草和植物种子。繁殖于我国北方大部分地区，在中部及南部的湖泊越冬；国外广泛分布于欧亚大陆及北非。

鸭科 Anatidae
中国评估等级：无危（LC）
世界自然保护联盟（IUCN）评估等级：无危（LC）

55

白额雁
Anser albifrons

　　体长70~85 cm；有白色斑块环绕嘴基，腹部具大块黑斑；腿橘黄色。常成小群活动，喜欢在陆地活动，亦善游泳。繁殖季栖息于北极苔原带富有矮小植物和灌丛的湖泊、水塘、河流、沼泽及其附近苔原等各类生境，冬季主要栖息在开阔的湖泊、水库、河湾、海岸及其附近开阔的平原、草地、沼泽和农田。以植物性食物为主。在我国东部及长江流域各省越冬。繁殖于北半球的苔原冻土带，在北半球的温带地区越冬。

鸭科　Anatidae
中国保护等级：II级
中国评估等级：无危（LC）
世界自然保护联盟（IUCN）评估等级：无危（LC）

小白额雁
Anser erythropus

与白额雁外形相似，并且冬季常混群；不同之处在于体形较小，嘴和颈较短，嘴周围白色斑块延伸至额部，眼圈黄色，腹部具黑色斑块。白天成群飞到苔原、草地觅食，晚上在水中栖息过夜。以植物茎叶和种子为食。在我国迁徙时经过东北、内蒙古、河北、北京、山东、河南等地，在长江中下游地区以及广东、广西、福建、台湾等地越冬；国外分布于欧亚大陆亚热带和温带地区。

鸭科 Anatidae
中国评估等级：易危（VU）
世界自然保护联盟（IUCN）评估等级：易危（VU）

57

斑头雁
Anser indicus

体长约80 cm，体羽大都银灰色，羽缘沾褐；头白色，头顶和后枕部具两条明显的黑斑；颈暗褐色，两侧纯白，各形成一条纵纹；嘴、脚黄色；两性相似。越冬在低地湖泊、河流和沼泽地，也常到水田、麦田等旱作地和草地。以禾本科、莎草科、豆科植物为食，也吃贝类、软体动物和其他小型无脊椎动物。在我国新疆、青海、西藏、甘肃、内蒙古繁殖，冬季迁移至我国中部及西藏南部越冬；国外繁殖于亚洲中部地区，在印度北部及缅甸越冬。

鸭科 Anatidae
中国评估等级：无危（LC）
世界自然保护联盟（IUCN）评估等级：无危（LC）

疣鼻天鹅
Cygnus olor

　　体长约140 cm，体大而优雅；体色洁白，嘴橘黄色，雄鸟前额有一块黑色的瘤疣突起，并因此而得名；脖颈细长，游水时呈优雅的"S"形，两翼常高拱。栖息于水草繁茂的湖泊、江河或沼泽地带，善游泳。成对或成家族群活动。以水生植物为主要食物，包括水草的根、茎、叶、芽及种子等，偶食软体动物、昆虫及小鱼。在我国新疆、青海、甘肃、内蒙古繁殖，在长江中下游地区越冬；国外繁殖于亚洲中部和欧洲等地，在地中海东部以及印度西北部越冬。

鸭科 Anatidae
中国保护等级：II级
中国评估等级：近危（NT）
世界自然保护联盟（IUCN）评估等级：无危（LC）

小天鹅
Cygnus columbianus

　　体长约110 cm，全身白色，美丽优雅。体形外貌都与大天鹅相似，但嘴黑色部分区域比大天鹅的大。生活在多芦苇的湖泊、水库和池塘中。主要以水生植物的根茎和种子为食，也兼食少量水生昆虫、蠕虫、螺类和小鱼。我国主要见于东部地区；国外繁殖于欧洲北部、亚洲北部和北美洲北部，在欧洲、亚洲、北美洲一些国家和地区越冬。

鸭科 Anatidae
中国保护等级：II级
中国评估等级：近危（NT）
世界自然保护联盟（IUCN）评估等级：无危（LC）

大天鹅
Cygnus cygnus

  体长可达150 cm，通体雪白，只有头部和嘴基部略显棕黄色，嘴端部和脚黑色；颈长，在水面时常直伸；上嘴基部两侧黄斑沿嘴缘向前伸于鼻孔之下。栖息于开阔的、水生植物繁茂的浅水水域。除繁殖期外常成群生活，是世界上飞得最高的鸟类之一，迁飞时能飞越珠穆朗玛峰。以水生植物的根茎、叶、茎、种子为食，也吃少量软体动物、水生昆虫、鱼类、蛙和蚯蚓。在我国华北、新疆、内蒙古、黑龙江繁殖，在长江流域的湖泊及其附近越冬；国外繁殖于欧洲北部、亚洲北部，越冬于中欧、中亚、东亚等地。

鸭科 Anatidae
中国保护等级：II级
中国评估等级：近危（NT）
世界自然保护联盟（IUCN）评估等级：无危（LC）

瘤鸭
Sarkidiornis melanotos

　　雄鸟体长约76 cm，嘴上有凸显的黑色肉质瘤，白色的头部和颈部布满黑色点斑；上体黑色，闪现金属铜绿光泽；下颈及下体白色，两肋淡灰白色；雌鸟体形小且无肉质瘤。生活于森林附近的湖泊、河流、水塘和沼泽地带，以植物性食物为主，也吃少量动物性食物。常成数十只大群活动。我国见于西藏东南部和云南南部；国外见于非洲中南部、亚洲南部。

鸭科 Anatidae
中国评估等级：数据缺乏（DD）
世界自然保护联盟（IUCN）评估等级：无危（LC）
濒危野生动植物种国际贸易公约（CITES）：附录II

翘鼻麻鸭
Tadorna tadorna

　　体长约60 cm，头和颈部辉黑绿色，嘴形上翘，赤红或紫红色；背与胸间具一栗棕色环带，翅黑色，其余体羽大都白色；雄鸟黑绿色光亮的头部与鲜红色的嘴及额基部隆起的皮质肉瘤对比强烈；雌鸟色较暗，嘴基肉瘤小或无，前额有一小的白色斑点，棕栗色胸带窄而色浅。主要栖息于开阔的平原草地、湖泊、海岸、岛屿及其附近沼泽。冬季常集成数十只至数百只的大群，繁殖期间则成对生活。主要以昆虫、蜥蜴、蜗牛、牡蛎、螺蛳、沙蚕、水蛭、小鱼等为食，也吃藻类以及植物叶片、嫩芽和种子等。在我国北方繁殖，迁至南方越冬。繁殖区由西欧一直延伸至东亚，越冬于欧洲南部、非洲北部、亚洲南部和东部。

鸭科 Anatidae
中国评估等级：无危（LC）
世界自然保护联盟（IUCN）评估等级：无危（LC）

赤麻鸭
Tadorna ferruginea

体长62 cm左右，体羽棕栗色，头部棕白色；翅上覆羽白而略染黄色，初级飞羽、尾上覆羽、尾羽均黑色，嘴和脚黑色；两性相似，但雄鸟具黑色颈环，雌鸟无。栖息于江河、湖泊、河口、水塘及其附近的草原、荒地、沼泽、沙滩、农田和疏林等各类生境中。主要以水生植物的叶、芽、种子以及农作物幼苗、谷物等植物性食物为主，也吃昆虫、软体动物、虾、水蛭、蚯蚓、小蛙和小鱼等动物性食物。多在黄昏和清晨结群活动。国内分布于西部和南部地区；国外分布于欧亚大陆中部和南部地区、非洲西北部。

鸭科 Anatidae
中国评估等级：无危（LC）
世界自然保护联盟（IUCN）评估等级：无危（LC）

鸳鸯
Aix galericulata

体长42 cm，雌雄异色；雄鸟羽色华丽，头顶具羽冠，眼周白色，眼后有一宽而明显的白色眉纹，翅上有一对较大竖立于背部的帆状结构，为耀眼的橘红色；雌鸟无羽冠和帆羽，头和背灰褐色，有雅致的白色眼圈及眼后线。栖息于山间河谷、溪流、池塘、湖泊、水库和沼泽地中，也常到农田和岸边附近的树林中觅食，多成对或结成3~5只小群活动。杂食性，食物包括植物的根、茎、叶、种子，以及昆虫、小鱼、蛙、虾、蜗牛、蜘蛛等动物。在我国东北地区繁殖，在南方地区越冬；国外繁殖于俄罗斯东南部、朝鲜、日本。

鸭科 Anatidae
中国保护等级：II级
中国评估等级：近危（NT）
世界自然保护联盟（IUCN）评估等级：无危（LC）

65

棉凫
Nettapus coromandelianus

　　体形瘦小，体长26 cm，羽毛主要呈白色，喙短，头圆，脚短。雄性繁殖期毛色泛黑绿色光泽，有明显黑色颈圈及白色尾羽；雌鸟羽色较淡，没有黑色颈圈，只有窄小的白色尾羽。栖息于江河、湖泊、水塘和沼泽地带，也见于村庄附近的小水塘、水渠中。常成对或成几只至20多只小群活动，性温驯，白天活动为主。主要以植物嫩芽、嫩叶、根为食，也吃水生昆虫、蠕虫、蜗牛和小鱼等。在我国分布于长江中下游以南地区，偶见于华北，在广东、广西为留鸟，在其余地方为夏候鸟；国外见于印度、斯里兰卡、孟加拉国、越南、缅甸、泰国、印度尼西亚、澳大利亚等地。

鸭科 Anatidae
中国评估等级：濒危（EN）
世界自然保护联盟（IUCN）评估等级：无危（LC）

赤膀鸭
Mareca strepera

　　体长约52 cm，雄鸟上体暗灰褐色，杂以波状白色细小斑纹，翅上具栗红色块斑，翼镜呈黑白二色，尾部上下覆羽黑色；雌鸟上体黑褐色，具棕色斑纹，下体棕白色。栖息在江河、湖泊、水库、河湾、水塘、沼泽等内陆水域，有时到农田中觅食，常成小群活动，以植物性食物为主。在我国东北及新疆西部繁殖，在长江以南大部分地区越冬。分布范围广至全北界，在温带地区繁殖，往南越冬。

鸭科 Anatidae
中国评估等级：无危（LC）
世界自然保护联盟（IUCN）评估等级：无危（LC）

罗纹鸭
Mareca falcata

　　体长约50 cm，雄雌异色。雄鸟头顶暗栗色，额上有一小白斑，头侧绿色闪光的冠羽延垂至颈项，喉及嘴基部白色，下体白而密布褐色细横斑，黑白色的三级飞羽长而弯曲；雌鸟略小，上体黑褐色，满布淡棕红色斑纹。栖息于内陆湖泊、河流及沼泽地带，也见于农田和沿海地带。结小群活动，以植物和水生昆虫为食，也到农田觅食稻谷和幼苗，偶尔也吃软体动物、甲壳类和水生昆虫等小型无脊椎动物。我国繁殖于东北地区，在黄河下游地区、长江以南地区越冬；国外繁殖于东北亚地区，在南亚和东南亚北部越冬。

鸭科 Anatidae
中国评估等级：近危（NT）
世界自然保护联盟（IUCN）评估等级：近危（NT）

赤颈鸭
Mareca penelope

　　体长近50 cm，雄鸭头颈大部栗红色，额至头顶黄色，嘴灰色，尖端黑色；胸灰棕色，背和两肋灰白色具黑褐色波状细小斑纹，翅上覆羽大部白色，前后羽缘有黑边，尾下覆羽黑色；腹白色；脚铅蓝色。雌鸟上体大都黑褐色，羽缘较浅，上胸棕色，下体余部白色。栖息于江河、湖泊、水塘、河口、海湾、沼泽等各类水域中，有时也见于水田中。以植物性食物为主，也吃少量动物性食物。在我国东北的黑龙江和吉林繁殖，在北纬35°以南的广大地区越冬；国外繁殖于欧亚大陆北部，越冬于欧洲南部、非洲东北部与西北部、亚洲南部和东部。

鸭科 Anatidae
中国评估等级：无危（LC）
世界自然保护联盟（IUCN）评估等级：无危（LC）

绿头鸭
Anas platyrhynchos

体长58 cm，雄鸭头和颈辉翠绿色，颈基有一白色领环；上背灰白色，满布暗褐色波形细纹，羽缘棕褐色，下背至尾上覆羽由黑褐色转为亮黑色，胸栗色，下体灰白色；中央两对尾羽绒黑色，末端向上卷曲；雌鸭背面黑褐色，具浅棕色宽边，腹浅棕色，满布暗褐色点斑。越冬期白天结群活动于江河、池沼、水库、湖泊等水面上，亦常见在岸边和浅水处活动。以各种水生和陆生植物性食物为主，也取食鱼螺类、昆虫等动物性食物。分布遍及全北界。绿头鸭指名亚种（*A. p. platyrhynchos*）分布于我国云南、西藏、四川、陕西、宁夏、辽宁、江西、黑龙江、河南、贵州、广西、福建、北京。

鸭科 Anatidae
中国评估等级：无危（LC）
世界自然保护联盟（IUCN）评估等级：无危（LC）

印度斑嘴鸭
Anas poecilorhyncha

　　曾作为斑嘴鸭下的缅甸亚种（*haringtoni*），现已独立为种。体长约60 cm，整体黄褐色；喙黑色，具黄色端斑而形成"斑嘴"，头、颈、前胸和下腹浅皮黄色，额至后枕棕褐色，具深棕色贯眼纹，其余脸部呈浅黄色；上体棕褐色，腰和尾羽黑色，具翠绿翼镜，近端处黑色，端部白色；雌雄羽色相似，但雌鸭体色较暗，下体颜色更浅，嘴端黄斑更淡。与斑嘴鸭的区别在于无明显下颊纹，眉纹与脸颊颜色相同，翼镜绿色而非蓝紫色。栖息水域多样，在内陆和沿海湖泊、水库、池塘、潟湖、河流、沼泽和红树林均可见。以植物性食物为主。我国冬季见于云南、广西、广东和香港沿海地区；国外见于南亚次大陆、中南半岛。

鸭科 Anatidae
世界自然保护联盟（IUCN）评估等级：无危（LC）

斑嘴鸭
Anas zonorhyncha

　　体长58 cm，雌雄相似，上嘴黑色，嘴端具黄色块斑，具明显的淡棕白色眉纹和黑褐色过眼纹；体羽大都棕褐色，三级飞羽外缘白色，脚橙红色。常成对或结成小群在各高原湖泊、水库、坝塘、河流及浅滩地带活动或休息。食性较杂，主要吃水草等植物性食物，也吃少量螺类和水生昆虫等。在我国东部繁殖，冬季迁至长江以南越冬；国外分布于印度、缅甸、朝鲜、韩国和日本。

鸭科 Anatidae
中国评估等级：无危（LC）
世界自然保护联盟（IUCN）评估等级：无危（LC）

针尾鸭
Anas acuta

　　体长65 cm，雄鸟中央尾羽特别长；头顶暗褐色，颈侧有一明显白带延伸到后头，胸和腹部白色，背部布满淡褐色与白色相间的波状横斑。雌鸟体形略小，上体黑褐色，具黄白色相间斑纹；下体白色，杂以淡褐色横斑。在我国新疆西北部及西藏南部繁殖，冬季迁至北纬30°以南地区越冬；国外繁殖于全北界北部，越冬见于南亚、东南亚、北非、中美洲，少数终年留居在南印度洋岛屿上。

鸭科 Anatidae
中国评估等级：无危（LC）
世界自然保护联盟（IUCN）评估等级：无危（LC）

绿翅鸭
Anas crecca

　　体长约37 cm，雄鸟头深栗红色，眼后有一道翠绿色带斑伸至后颈两侧，肩、背和两肋布满黑白相间的细纹，体侧有一明显的白纹，翅具翠绿色而有金属光泽的翼镜，尾下覆羽两侧有黄色三角形块斑。雌鸟头、颈棕灰色，具黑褐色眼纹，尾下覆羽白。冬季常结成大群在湖泊、水库、江河、坝塘等水域活动，也常见在水边草丛和农田觅食。以植物性食物为主。指名亚种在我国东北及新疆的天山繁殖，冬季迁至我国北纬40°以南的适宜生境地越冬；国外分布于整个古北界，在北方繁殖，在南方越冬。

鸭科 Anatidae
中国评估等级：无危（LC）
世界自然保护联盟（IUCN）评估等级：无危（LC）

琵嘴鸭
Spatula clypeata

　　体长48 cm，嘴先端扩大呈铲状；雄鸟额、头顶黑褐色，具绿色金属光泽，胸至上背两侧及外侧肩羽白色，背暗褐色；羽缘灰褐色，腰和尾上覆羽黑色，略闪绿色光泽；下胸和腹棕栗色，尾下覆羽白色。雌鸟背暗褐色，胸、腹淡棕色，全身具斑纹。越冬期间主要栖息于较开阔的湖泊、河流、水库、池塘等处，也见于水田和沼泽中。多单独活动，亦见小群。食物以水生昆虫、小型软体动物、鱼、蛙等动物性食物为主，也取食水草、草籽等植物性食物。在我国新疆、黑龙江和吉林繁殖，越冬于北纬35°以南的适宜生境地。广泛分布于北半球，在北部繁殖，在南部越冬。

鸭科 Anatidae
中国评估等级：无危（LC）
世界自然保护联盟（IUCN）评估等级：无危（LC）

白眉鸭
Spatula querquedula

体长约40 cm，雌雄异色。雄鸭头顶与喉部巧克力色，具宽阔的白色眉纹；肩和翅呈蓝灰色，翼镜闪绿色金属光泽；胸具黄褐杂黑褐色细纹，腹白色；雌鸭具黑色过眼纹，白眉和翼镜均不明显。常成对或成小群活动于池塘、沼泽及河流中，迁徙和越冬期间也集成大群。以植物性食物为主，也吃小型无脊椎动物。营巢于厚密高草丛中或地面上。在我国东北、西北地区少数地方繁殖，冬季南迁至北纬35°以南的局部地区越冬；国外广布于全北界的局部地区，在北部繁殖，在南部越冬。

鸭科 Anatidae
中国评估等级：无危（LC）
世界自然保护联盟（IUCN）评估等级：无危（LC）

花脸鸭
Sibirionetta formosa

　　体长约42 cm，雄鸟羽色艳丽，脸具由黄、绿、黑、白等色构成的独特斑纹；头和颈上下均黑褐色，两侧棕白色，在两眼下方和颈基部各贯以黑色花纹；上体褐色，翼镜铜绿色，下体白色，胸散布黑色滴状斑，尾下覆羽黑褐色；雌鸟较雄鸟稍小，上体暗褐色，下体白色具褐斑，尾下覆羽白色。越冬期间结小群活动于沼泽、湖泊等湿地中，以植物性食物为主。繁殖于我国东北的小型湖泊，在东北及华北为罕见冬候鸟，在华中、华南和西南的局部地区越冬。主要繁殖于西伯利亚，在韩国及日本越冬，偶见于中南半岛。

鸭科 Anatidae
中国评估等级：近危（NT）
世界自然保护联盟（IUCN）评估等级：无危（LC）
濒危野生动植物种国际贸易公约（CITES）：附录II

赤嘴潜鸭
Netta rufina

　　体长53 cm，嘴形较窄，赤红色；雄鸟头浓栗红色，冠羽亮棕黄色，上体褐色，翼镜纯白色，两肋白色，下体余部均黑褐色；雌鸟羽冠不显著，颊、喉及颈侧白色，上体淡棕褐色，下体灰褐色。在较宽阔而平缓的湖泊、水库或坝塘的水面上漂浮，亦见在湖畔或近水的沙滩活动。常七八只结成小群，有时也见数十只或上百只的大群。以植物性食物为主，在水面或浅水区采食水草和藻类。在我国内蒙古乌梁素海、新疆塔里木河流域、青海柴达木盆地繁殖，在西藏南部、云南、四川、贵州等地越冬；国外分布于欧洲、中亚、南亚和北非。

鸭科 Anatidae
中国评估等级：无危（LC）
世界自然保护联盟（IUCN）评估等级：无危（LC）

78

红头潜鸭
Aythya ferina

　　体长约46 cm；雄鸟头和颈栗红色，嘴淡蓝色，基部和先端黑色；上背和胸黑褐色，翼镜灰色，尾上和尾下覆羽黑色，其余体羽主要呈灰白色，密布黑色波形细斑纹；雌鸭头、颈棕褐色，胸暗黄褐色，腹部灰褐色。越冬期间活动于开阔的湖泊、水库中，常结成10~30只的小群或与凤头潜鸭、琵嘴鸭等混群活动。善于潜入深水中觅食。在我国西北地区繁殖，冬季迁至华东、华南和西南地区越冬；国外分布于欧亚大陆南寒带及其以南地区和非洲大陆北部。

鸭科 Anatidae
中国评估等级：无危（LC）
世界自然保护联盟（IUCN）评估等级：易危（VU）

青头潜鸭
Aythya baeri

体长42~47 cm，雄鸟头和颈黑绿色而具光泽，眼白色；上体黑褐色，下背和两肩杂以褐色虫蠹状斑，两肋淡栗褐色，腹部白色，与胸部栗色截然分开，并向上扩展到两肋前面，下腹杂有褐斑；雌鸟头和颈为黑褐色，头侧、颈侧棕褐色，嘴基内侧有一栗红色斑，眼褐色或淡黄色，额部有一白色小斑。冬季多集成数十只甚至近百只的大群栖息在湖泊、江河、海湾、河口、水塘和沼泽地带，善潜水和游泳。以各种水草的根、叶、茎和种子等为食，也吃软体动物、昆虫、甲壳类、蛙等动物性食物。在我国东北繁殖，迁徙时见于东部地区，越冬于华南大部地区；国外主要繁殖于西伯利亚东南部，冬季在东亚和中南半岛越冬。

鸭科 Anatidae
中国评估等级：极危（CR）
世界自然保护联盟（IUCN）评估等级：极危（CR）

白眼潜鸭
Aythya nyroca

　　体长约41 cm，全身深色，仅眼及尾下羽白色。雄鸟头、颈及胸浓栗色，颈基部有一不明显的褐色领环；上体褐色，上腹和尾下覆羽白色。雌鸟头顶棕褐色，后颈褐色较浓，眼灰褐色。冬季主要栖息于大的湖泊、水流缓慢的江河、河门、海湾和河口三角洲。常成对或成小群活动，善潜水。以植物性食物为主，也食无脊椎小动物。在我国新疆西部和南部、内蒙古乌梁素海繁殖，在长江中游地区、云南西北部越冬，迁徙时还可见于其他多地；国外繁殖于古北区北部，越冬于非洲、中东、中南半岛及印度。

鸭科 Anatidae
中国评估等级：近危（NT）
世界自然保护联盟（IUCN）评估等级：近危（NT）

凤头潜鸭
Aythya fuligula

　　体长45 cm，头具长羽冠；雄鸟腹、两肋及翼镜白色，其余体羽均亮黑色，头和颈具紫色金属光泽；雌鸟与雄鸟相似，但羽冠较短，黑色部分为褐色所代替，腹部白色沾褐。性喜结群活动于湖泊、水库、池塘等宽阔的水面上，可潜入水下数米深处觅食。以动物性食物为主，亦采食水藻、水草、草籽等植物性食物。繁殖于我国东北地区，迁徙时经我国大部地区至华南越冬；国外繁殖于古北界北部，冬季在其南部局部地区越冬。

鸭科 Anatidae
中国评估等级：无危（LC）
世界自然保护联盟（IUCN）评估等级：无危（LC）

斑背潜鸭
Aythya marila

　　体长约47 cm。雄鸟头、颈黑色，具紫色金属光泽，头侧、颈侧具绿色光泽，腰、胸和尾黑色，背、肩白色有黑色波状横斑，腹、翼镜和两肋白色，嘴蓝色。雌鸭头、颈黑褐色，嘴基部有一白色宽环，两肋浅褐色，下背和肩有白斑，翼镜较小。多结群活动于内陆开阔的湖面，主要以水生动物等为食，也取食水草等植物性食物。我国分布于华北和长江以南东部各省；国外广布于欧亚大陆、北美洲等地。

鸭科 Anatidae
中国评估等级：无危（LC）
世界自然保护联盟（IUCN）评估等级：无危（LC）

鹊鸭
Bucephala clangula

　　体长46 cm；雄鸟全身主要呈黑白两色；头黑色有暗绿色光泽，嘴黑色，眼金黄色，两颊近嘴基处有一大型白色圆斑，背黑色，外侧肩羽和颈、胸、腹白色，脚黄色；雌鸟较雄鸟略小，头和颈褐色，无白色颊斑，颈基具污白色圆环，上体淡黑褐色，嘴、脚黄褐色。单独或数十只的群体活动于湖泊、水库、池塘中或浅水处。以鱼、虾、软体动物和水生昆虫为食，也采食水生植物。在我国繁殖于东北大兴安岭地区，越冬于华北沿海、东南沿海和长江中下游地区；国外繁殖于北美洲北部、欧洲中部和北部，越冬于欧洲南部、亚洲南部、北美洲中部和南部。

鸭科 Anatidae
中国评估等级：无危（LC）
世界自然保护联盟（IUCN）评估等级：无危（LC）

斑头秋沙鸭
Mergellus albellus

    体长40 cm；雄鸟因具黑色眼罩而被戏称为"熊猫鸟"，繁殖期全身雪白色，但眼罩、枕纹、上背、初级飞羽及胸侧的狭窄条纹为黑色；雌鸟上体灰色，具两道白色翼斑，额、顶及枕部栗色，喉白色。在湖泊、河流、池塘、湿地活动，通常成5~7只小群活动，冬天集成大群。鸟喙呈钩状有锯齿，可以帮助捕捉鱼类，也觅取甲壳类、水生昆虫、蛙等。分布广泛但不常见。在我国繁殖于大兴安岭，冬季在我国经过或在我国大部分地区越冬；国外繁殖于欧亚大陆北部，越冬于欧亚大陆温带地区和日本。

鸭科 Anatidae
中国评估等级：无危（LC）
世界自然保护联盟（IUCN）评估等级：无危（LC）

普通秋沙鸭
Mergus merganser

　　体长61 cm，嘴细长，尖端具钩，边缘有锯齿，鼻孔位于嘴峰中部；雄鸟头黑褐色，具绿色金属光泽，并有短黑色枕冠；颈白色，背和腰灰色；翅上覆羽和翼镜白色，胸、腹也为白色。雌鸟头和上颈棕褐色，喉白色，上体和体侧灰色，下体白色。越冬期常见成对或成4~5只，多至10余只小群在湖泊、水库、池塘或沼泽地中活动和觅食。食性以鱼、虾、水生昆虫等动物性食物为主，亦食少量水生植物。在我国东北中部和北部地区，新疆、青海以及西藏南部繁殖，越冬于吉林、辽宁、河北、山东，往西至甘肃、青海、四川、云南、西藏、贵州，往南至广东、广西和福建；国外繁殖于欧洲北部、亚洲北部、北美洲北部，在繁殖地以南地区越冬，范围几乎遍及北半球。

鸭科 Anatidae
中国评估等级：无危（LC）
世界自然保护联盟（IUCN）评估等级：无危（LC）

86

红胸秋沙鸭
Mergus serrator

　　体长53 cm；嘴细长而带钩，适宜捕食鱼类，丝质的冠羽长而尖；雄鸟全身主要呈黑白两色，两侧具蠕虫状细纹；雌鸟及非繁殖期雄鸟暗褐色，头部近红色，至颈部渐变为灰白色。繁殖季节栖息于森林中的河流、湖泊及河口地区，非繁殖期主要栖息在沿海海岸、河口和浅水海湾地区。成小群活动。食物主要为小型鱼类，也吃昆虫等其他小型无脊椎水生动物和少量植物性食物。在我国黑龙江北部繁殖，至东南沿海地区越冬；国外分布遍及全北界，越冬于中南半岛。

鸭科 Anatidae
中国评估等级：无危（LC）
世界自然保护联盟（IUCN）评估等级：无危（LC）

中华秋沙鸭
Mergus squamatus

　　体长49~63 cm；嘴红色，细长且尖端带钩，两肋具有黑色鳞纹；雄鸟头、颈、背及肩羽毛黑色，头顶冠羽呈绿色有光泽；雌鸟头和颈羽毛棕色，背部和肩部羽毛灰色。鸭科大部分种类以水生植物为食，而中华秋沙鸭以捕鱼为食。在树洞里营巢，树洞距地面可高达10 m，雏鸟出壳后一两天内，就会陆续从树洞跳到地面上，然后快速进入水中。在我国东北地区繁殖，主要越冬于江苏、湖南、贵州、台湾等地，迁徙经过东北沿海地区；国外繁殖于俄罗斯、朝鲜等地，越冬于日本、韩国、朝鲜、缅甸、泰国等国。

鸭科 Anatidae
中国保护等级：I级
中国评估等级：濒危（EN）
世界自然保护联盟（IUCN）评估等级：濒危（EN）

鸡形目
GALLIFORMES

环颈山鹧鸪
Arborophila torqueola

　　雄鸟体长26~39 cm，雌鸟体长27~29 cm。雄鸟额至后颈深栗色，有宽而长的黑色眉纹，眼周红色，颏、喉黑色；上体橄榄褐色，具黑色半月形横斑，腰部有箭形和三角形黑斑；前颈与胸之间有一白色横带，并因此而得名；腹部中央白色，两肋灰色，具宽的栗色纵纹和白色中央纹。雌鸟上体棕色，黑色横斑更宽，头顶褐色，具黑色纵纹，眉纹棕黄色，颏、喉棕色，前颈与胸之间有宽的栗色横带，胸部橄榄棕色，有黑色横斑。栖息在海拔1500 m以上常绿阔叶林中，在林下植被丰富的栎树林、竹林以及山溪和山谷地带较常见，常成对或成3~5只的小群或家族群活动。以灌木和草本植物的叶、根、芽、浆果和种子等为食，也吃昆虫和各种小型无脊椎动物。在山地森林的林下地面营巢。我国分布于云南、西藏；国外分布于印度、尼泊尔、缅甸、越南。

雉科 Phasianidae
中国评估等级：无危（LC）
世界自然保护联盟（IUCN）评估等级：无危（LC）

红喉山鹧鸪
Arborophila rufogularis

　　全长约27 cm，额深灰色，头顶橄榄褐色，眼先、眉纹浅灰白色、颊、喉红棕色，密布黑色点斑，前颈红棕色；背、腰、肩羽和翅上覆羽橄榄棕色，有大型黑色次端斑，飞羽黑褐色，胸灰色，两肋栗色，具水滴状点斑；腹灰白，尾上和尾下覆羽橄榄褐色，具黑色次端斑和白色端斑、羽缘栗色。栖息于茂密的阔叶林下的灌丛和高草丛中，非繁殖季节结小群活动。善于奔跑。以植物种子、浆果、嫩枝、昆虫和软体动物为食。常于地面低洼处营巢，垫以草、树叶等。在我国仅分布于西藏墨脱、云南西部和南部；国外分布于印度、尼泊尔、缅甸、老挝、越南。

雉科 Phasianidae
中国评估等级：无危（LC）
世界自然保护联盟（IUCN）评估等级：无危（LC）

白颊山鹧鸪
Arborophila atrogularis

　　全长约26 cm；额灰褐色，颊和耳羽乳白色，连成一条宽阔的带纹；上体和翅上覆羽橄榄褐色，密布黑色横斑，上胸灰色具大形滴状黑点；腹部灰白色，肋灰色，具滴状白斑；尾下覆羽棕褐色，具黑色次端斑。两性相似。栖息于稀疏的常绿林林下或竹林中，一般成对或结成松散的小群活动，很少起飞。以植物性食物为主，也取食昆虫等动物性食物。我国仅分布于云南；国外分布于印度和缅甸。

雉科 Phasianidae
中国评估等级：近危（NT）
世界自然保护联盟（IUCN）评估等级：近危（NT）

褐胸山鹧鸪
Arborophila brunneopectus

　　体长约27 cm，头顶、背至尾橄榄褐色，具黑色横斑；眉纹皮黄色，眼纹黑色；颈部有由黑色小斑点组成的半环带与沿线相连；翅暗褐色，有条状横纹，羽端黑色；胸棕褐色，肋羽具明显的黑白相间的鳞状斑。两性相似，但雄鸟羽色较鲜艳。栖息于常绿阔叶林、灌丛及竹林中，十分安静，不易被发现。以植物种子、野果、昆虫等为食。国内分布于云南、广西、贵州；国外分布于缅甸、老挝、越南、泰国和印度。

雉科 Phasianidae
中国评估等级：近危（NT）
世界自然保护联盟（IUCN）评估等级：无危（LC）

95

斑尾榛鸡
Tetrastes sewerzowi

　　全长约35 cm。雄鸟颏、喉黑色并围以白色边，头至尾上覆羽栗色，具明显黑色横斑，中央尾羽栗棕色，具黑与棕白色相间的横带，外侧尾羽黑褐具白色横斑和端斑；胸栗色，具黑色横斑；雌鸟似雄鸟，但羽色较暗，颏、喉褐色。栖息在海拔3000 m左右的针阔混交林和灌丛中。夏末至翌年早春常结群活动。以植物性食物为主，也取食昆虫等动物性食物。在地面上营巢。我国特有种，分布于青海、甘肃、西藏、四川、云南。

雉科 Phasianidae
中国保护等级：I级
中国评估等级：近危（NT）
世界自然保护联盟（IUCN）评估等级：近危（NT）

黄喉雉鹑
Tetraophasis szechenyii

体长48 cm；头灰褐色，喉部皮黄色无白色边缘，眼周裸皮猩红色；腰及尾上覆羽灰褐色，下胸、腹部及两肋有许多栗色斑。繁殖期主要栖息于海拔3500~4500 m的针叶林、高山杜鹃灌丛和林线以上的苔原地带，冬季可下到海拔3500 m以下的混交林和林缘地带活动。夜间多栖息于低矮树枝上，除繁殖期成对或单独活动外，其他时候多成小群活动。主要以植物的根、叶、芽和果实与种子为食，也吃少量昆虫。我国特有种，分布于西藏、青海、四川、云南。

雉科 Phasianidae
中国评估等级：易危（VU）
世界自然保护联盟（IUCN）评估等级：无危（LC）

藏雪鸡
Tetraogallus tibetanus

　　又名淡腹雪鸡，体形似家鸡。头、颈褐灰色，颏、喉及耳羽白色；上体土褐色，有暗色环带，下胸以下乳白色，因羽毛两边黑色，使得胸与腹呈现白色而具黑色纵纹；两翼灰棕色，因羽毛两侧缘呈白或棕白色而形成显著纵纹。雌鸟与雄鸟相似，但跗跖无距。栖息于海拔4000~6000 m森林上线至雪线附近的高山灌丛、苔原和裸岩地带。喜结群，善于行走和滑翔。以高山草甸植物为食。常在峭壁岩石下有灌木、杂草丛遮蔽的石缝、洞穴中营巢。我国分布于西藏、新疆、四川、甘肃、青海和云南；国外见于尼泊尔、不丹、塔吉克斯坦、吉尔吉斯斯坦。

雉科 Phasianidae
中国保护等级：II级
中国评估等级：近危（NT）
世界自然保护联盟（IUCN）评估等级：无危（LC）

中华鹧鸪
Francolinus pintadeanus

　　全长约30 cm；头顶、枕黑褐色，外围呈黄褐色；眉纹、颚纹黑色；眼下较宽的白色条纹至耳羽，额、喉黄白色；枕、上背、下体及两翼有明显白色斑点，肩羽棕栗色，翅上覆羽和飞羽黑褐色，杂以棕白色点斑或横斑；两性相似，但雌鸟上体棕褐色，下体皮黄色并有黑斑。栖息于低山丘陵地带，多在坝区边缘低山山坡的稀树草丛、灌木丛中活动。常单独或成对活动。杂食性，嗜食昆虫和果实，亦采食嫩叶和青草、种子等。在草丛内或矮树丛下营巢。在我国分布于云南、四川、江西、海南、贵州、湖北、广西、广东、香港、福建、台湾、浙江、安徽；国外见于印度东南部及中南半岛。

雉科 Phasianidae
中国评估等级：近危（NT）
世界自然保护联盟（IUCN）评估等级：无危（LC）

高原山鹑
Perdix hodgsoniae

体长28 cm，具醒目的白色眉纹和特有的栗色颈圈，眼下脸侧有黑色点斑；上体密布黑色横纹、外侧尾羽棕褐色；下体黄白色，胸部具宽的黑色鳞状斑纹并至体侧。栖息于海拔2500～5000 m的高山裸岩、高山苔原和亚高山矮树丛和灌丛地区，有季节性垂直迁徙现象。除繁殖期外常成小群生活。在富有灌丛和蒿草的平原沟谷、溪流、干草地的幼林、疏林、树丛中营巢。我国分布于西藏、四川、甘肃、青海；国外分布于尼泊尔、印度和不丹。

雉科 Phasianidae
中国评估等级：无危（LC）
世界自然保护联盟（IUCN）评估等级：无危（LC）

100

鹌鹑
Coturnix japonica

体长20 cm，体形滚圆；头具条纹及近白色的长眉纹；上体具褐色和黑色横斑，以及皮黄色矛状长条纹，颈侧有两条深褐色带；下体皮黄色，胸及两肋具黑色条纹；夏季雄鸟脸、喉及上胸栗色。居于矮草地、农田近水附近。在我国分布于新疆、西藏以外的其他地区；国外繁殖于东北亚，越冬于中南半岛。

雉科 Phasianidae
中国评估等级：无危（LC）
世界自然保护联盟（IUCN）评估等级：近危（NT）

棕胸竹鸡
Bambusicola fytchii

　　全长约35 cm，头顶棕褐色，眉纹棕白色，眼后纹黑色较宽；上背和翅上覆羽橄榄灰色，具栗色和黑色斑纹；下背至尾上覆羽橄榄褐色；翅红棕色，羽端杂褐色和淡棕白色斑纹，尾羽棕红色，具斑纹；前胸棕红色，满布棕白色点斑，后胸至尾下覆羽淡棕白，两侧具粗而显著的黑斑；雌鸟眼后纹棕色。栖息于山坡次生混交林、灌丛或稀树草丛、竹林等地。以植物性食物为主，也取食小型无脊椎动物。通常营巢于灌丛或草丛中。国内分布于四川、贵州、云南、广西；国外分布于印度、缅甸、泰国、老挝、越南。

雉科 Phasianidae
中国评估等级：无危（LC）
世界自然保护联盟（IUCN）评估等级：无危（LC）

102

灰胸竹鸡
Bambusicola thoracicus

　　全长约30 cm；雄鸟额、眼先及眉纹灰色，头顶、后颈橄榄褐色，头和颈的余部栗红色；尾羽红棕色，具黑褐色和浅红褐色斑纹；前胸蓝灰色，后缘有栗红色环带，后胸至尾下覆羽棕黄色，两肋具黑褐色斑；雌鸟相似，但稍小。栖息于灌丛、竹林和草丛中，也见于山边的农田中。喜结群，冬季群体较大。以植物种子、嫩芽、嫩叶、果实以及昆虫、蠕虫等为食。巢营于灌丛、草丛、树林或竹林下的地面凹陷处。我国特有种，分布于中部、东部和东南部。

雉科 Phasianidae
中国评估等级：无危（LC）
世界自然保护联盟（IUCN）评估等级：无危（LC）

血雉
Ithaginis cruentus

　　全长约43 cm。雄鸟头顶具羽冠，耳羽黑色；上体余部深灰色，具白色细羽干纹；腰、尾上覆羽杂绿色，最长的尾上覆羽和尾羽具绯红色宽羽缘，尾下覆羽绯红色，具白色羽轴和端斑；下胸及两肋绿色，具淡白色羽干纹。雌鸟头顶和枕冠暗银灰色，上体余部暗棕褐色，下体棕褐色，均密布暗褐色虫蠹状斑纹。栖息于高山地带的箭竹林、杜鹃林、冷杉、云杉及高山栎林中。一般结群活动，食物以种子、嫩芽、嫩叶及浆果等为主，也取食昆虫、虫卵、软体动物等。巢营于岩洞或树根洞穴中。我国分布于云南、西藏、四川、甘肃、青海、陕西；国外见于印度、尼泊尔、不丹和缅甸。

雉科 Phasianidae
中国保护等级：II级
中国评估等级：近危（NT）
世界自然保护联盟（IUCN）评估等级：无危（LC）
濒危野生动植物种国际贸易公约（CITES）：附录II

红胸角雉
Tragopan satyra

　　全长70~75 cm，雌雄差异大；雄鸟头黑色，羽冠两侧、颈深绯红色；发情时喉部肉垂会延展，主体呈蓝色，并有对称的红色斑块；胸部、腹部和两肋为红色，身体大部分羽毛上有白色珍珠斑，斑点边缘黑色；翅和尾部具有蓝色夹杂皮黄色的横斑。雌鸟色暗，眼周裸皮近蓝色，体棕褐色，满布黑褐色虫蠹状斑纹，下体具矛状斑。栖息于喜马拉雅山脉亚高山针阔混交林和杜鹃灌丛中，冬季偶尔会下移到海拔2000 m左右。大都单独活动，性隐匿。植食性，有时也捕食昆虫和小型爬行动物。我国分布在西藏、云南；国外见于尼泊尔、不丹、印度。

雉科 Phasianidae
中国保护等级：I级
中国评估等级：易危（VU）
世界自然保护联盟（IUCN）评估等级：近危（NT）

灰腹角雉
Tragopan blythii

　　雄鸟体长53~59 cm，体羽猩红色，前额、头顶黑色，肉质角蓝色，脸裸出部金黄色，项下肉裙黄色，边缘浅蓝色；背部体羽暗褐色，腹部烟灰色，通体密布白色和栗色眼状斑，上体的较小，下体的较大；尾黑色具不规则白色横斑。雌鸟上体褐色并布满黑色斑纹，下体及两肋暗褐色并杂有棕色和灰白色斑纹，尾暗棕色。栖息于海拔2000~3000 m的山地常绿阔叶林，喜在林下植被发达的潮湿常绿阔叶林带活动，冬季也会到海拔1500 m左右的低山地带越冬。主要以植物嫩芽、种子、浆果为食，也吃昆虫、小蛙等动物性食物。营巢于森林中的树上。我国分布于西藏和云南；国外见于印度、不丹、缅甸。

雉科 Phasianidae
中国保护等级：1级
中国评估等级：数据缺乏（DD）
世界自然保护联盟（IUCN）评估等级：易危（VU）
濒危野生动植物种国际贸易公约（CITES）：附录I

红腹角雉
Tragopan temminckii

　　体长约58 cm；雄鸟头顶黑色，枕部亮橙红色；体羽大部栗红色，上体满布具黑缘的白色眼状斑，下体灰白色椭圆形斑较大；繁殖期喉部具钴蓝色肉裙，后枕两侧具蓝色肉质角；雌鸟体羽密布黑色、棕褐色和淡黄白色杂斑或点斑，下体具大椭圆形淡灰白色点斑。栖息于山地针叶林、针阔混交林、杜鹃林及苔藓林中。食物以菌类、蕨类、杜鹃花等为主，亦采食其他植物的嫩叶、幼芽、花茎、果实和种子，有时也啄食一些昆虫。巢营于树上。我国分布于西南和中南地区；国外见于印度、缅甸和越南。

雉科 Phasianidae
中国保护等级：II级
中国评估等级：近危（NT）
世界自然保护联盟（IUCN）评估等级：无危（LC）

107

黄腹角雉
Tragopan caboti

　　雌鸟体长约50 cm，雄鸟体长约 65 cm；雄鸟头顶和后颈黑色，黑色经耳后向下延伸至肉裙周围，耳后颈侧具栗红色斑块，脸部裸皮朱红色，有由翠蓝色及朱红色组成的艳丽肉裙及翠蓝色肉质角；上体栗褐色，布满具黑色边缘的黄褐色圆斑；下体棕黄色，因腹部羽毛呈皮黄色而得名；雌鸟体羽大都为棕褐色，布满黑、棕黄及白色细纹，上体散有黑斑，下体多有白斑。栖息于海拔600~2000 m的亚热带针阔混交林内。地栖性，迁移能力差，在树上筑巢。以蕨类及植物的根、茎、叶、花、果为食，也吃白蚁和毛虫。我国特有种，分布于湖南、浙江、江西、福建、广东和广西。

雉科 Phasianidae
中国保护等级：I级
中国评估等级：濒危（EN）
世界自然保护联盟（IUCN）评估等级：易危（VU）
濒危野生动植物种国际贸易公约（CITES）：附录I

勺鸡
Pucrasia macrolopha

　　体长55～60 cm，雄鸟头部呈金属暗绿色，具棕褐色长形耳冠羽；颈部两侧有明显白色块斑，上背皮黄色，胸栗色，其他体羽为长白色羽毛，上具黑色矛状纹；雌鸟体羽以棕褐色为主，具冠羽但无长的耳羽束。主要栖息于中亚热带中山常绿阔叶林和常绿落叶阔叶混交林、亚高山针叶林、亚高山矮林和灌丛中。以植物的根、果实及种子为主食。我国分布于喜马拉雅山脉地区以及中部和东部地区；国外分布于阿富汗、巴基斯坦、印度和尼泊尔。

雉科 Phasianidae
中国保护等级：II级
中国评估等级：无危（LC）
世界自然保护联盟（IUCN）评估等级：无危（LC）
濒危野生动植物种国际贸易公约（CITES）：附录III

棕尾虹雉
Lophophorus impejanus

　　全长约70 cm。雄鸟羽冠长，每枚冠羽具匙状羽端；上体主要为蓝绿色，并闪烁铜绿、紫、蓝和绿色等金属光泽，下背白色，尾棕红色而无白色羽端；下体黑褐色。雌鸟棕褐色，满布黑、棕色和黄色斑纹，喉部白色。栖息于亚高山云冷杉林、阔叶林、针阔混交林、箭竹林、杜鹃林及高山草甸中。常单独或成对在灌丛、草地中觅食植物的果实、种子等。在岩石或树洞中筑巢。我国见于西藏东南部和云南西北部；国外分布在阿富汗、巴基斯坦、印度、尼泊尔、不丹。

雉科　Phasianidae
中国保护等级：I级
中国评估等级：近危（NT）
世界自然保护联盟（IUCN）评估等级：无危（LC）
濒危野生动植物种国际贸易公约（CITES）：附录I

白尾梢虹雉
Lophophorus sclateri

　　体长约67 cm，雌雄差异大。雄鸟头部金属蓝绿色，头顶有一簇短而卷的铜绿色短羽冠，裸出的脸部海蓝色，后颈及颈侧赤铜色，肩羽绿紫色，上背灰蓝色，下背和尾上覆羽白色而具黑色纤细轴纹，尾棕色而具白端，下体黑色；雌鸟黑褐色具棕黄色纵纹和横斑，下背至尾上覆羽污白色密杂褐色横纹，尾羽具白色横斑和羽端，下体淡棕色，密杂以栗褐色细纹。栖息于海拔2500~4000 m的杉树苔藓林、杜鹃林和竹林地带。繁殖期多单独活动，冬季常结成小群活动。食物以野百合、蕨根、竹叶、草根及其幼嫩叶片等为主，有时也吃昆虫。巢营于树洞内或倒木下。我国分布于西藏东南部、云南西北部；国外分布于缅甸和印度。

雉科 Phasianidae
中国保护等级：I级
中国评估等级：濒危（EN）
世界自然保护联盟（IUCN）评估等级：易危（VU）
濒危野生动植物种国际贸易公约（CITES）：附录I

111

绿尾虹雉
Lophophorus lhuysii

　　雄鸟体长约76 cm，具紫色金属光泽，头绿色，枕部金色，下体黑色闪烁绿色金属光泽，有绛紫色蓬松冠羽及蓝绿色尾羽。雌鸟小于雄鸟，上体深栗色，具白色纵纹，杂以白色细斑。栖息于海拔3000~4200 m的亚高山针叶林上缘及以上的高山灌丛、草甸及裸岩处，主要以植物的根、茎、叶和花为食，偶尔也吃昆虫。繁殖期雄鸟的求偶炫耀表现为鸣叫、舞蹈。巢多置于有岩石、灌木或树木下隐蔽的地面或大树洞中。我国特有雉类，分布于青海东南部、甘肃南部、西藏东部、四川西部及云南西北部。

雉科 Phasianidae
中国保护等级：I级
中国评估等级：濒危（EN）
世界自然保护联盟（IUCN）评估等级：易危（VU）
濒危野生动植物种国际贸易公约（CITES）：附录I

红原鸡
Gallus gallus

　　全长约70 cm，雄鸟具锯齿缘的肉冠、肉垂，上体大都红色和亮橙红色，尾羽及翼上覆羽绿黑色，中央两枚尾羽较长而向下弯曲，下体黑色；雌鸟上体大都褐色，上背黄色而满布黑色纵纹，后颈和颈侧羽缘金黄色，胸棕色，腹浅棕色。栖息于热带及南亚热带地区。常结群活动。以植食性为主，也取食昆虫等动物性食物。巢多在树根旁的地面上。我国分布于西藏、云南、广西、海南和广东；国外分布于南亚次大陆北部和东北部、中南半岛、马来群岛。已引种至世界多地。

雉科 Phasianidae
中国保护等级：II级
中国评估等级：近危（NT）
世界自然保护联盟（IUCN）评估等级：无危（LC）

113

黑鹇
Lophura leucomelanos

　　全长约70 cm，雄鸟头顶紫黑色，具黑色长冠羽，背和尾羽蓝黑色并闪紫色金属光泽，尾长而侧扁，腰和尾上覆羽具白色斑纹，下体蓝灰色；雌鸟上体棕褐色，外侧尾羽近蓝黑色，下体暗褐色，杂浅色点斑，脸裸露部绯红色。栖息于亚热带常绿阔叶林中，也见于箭竹丛及林间草丛中，成对或跟幼鸟结群活动。杂食性，喜食白蚁，还吃小蛇和蜥蜴。我国分布于云南西北部和西藏东南部；国外分布于巴基斯坦、印度、尼泊尔、不丹、缅甸、泰国，并引种至夏威夷。

雉科 Phasianidae
中国保护等级：II级
中国评估等级：近危（NT）
世界自然保护联盟（IUCN）评估等级：无危（LC）
濒危野生动植物种国际贸易公约（CITES）：附录III

白鹇
Lophura nycthemera

　　全长约110 cm，是著名的观赏鸟。雄鸟冠羽蓝黑色，脸部裸露绯红色；上体白而密布黑色斜纹；尾长呈白色；下体黑色，胸部、上腹和尾下覆羽紫蓝色显金属光泽；脚赤红色。雌鸟枕冠近黑色，上体橄榄褐色，密布棕色细小斑点，下体浅棕白，杂褐色点斑，胸腹部具褐色或黑褐色"V"形斑。栖息于常绿阔叶林、针阔混交林以及竹木混交林内。非繁殖季节常见数只至十几只的小群在林下活动，繁殖季节结群解体。以种子、浆果、嫩叶等植物性食物为主，也吃少量昆虫。一般营巢于阴暗的阔叶林内悬崖附近或混交林地面的草丛中。我国见于南方地区；国外见于中南半岛。

雉科 Phasianidae
中国保护等级：II级
中国评估等级：无危（LC）
世界自然保护联盟（IUCN）评估等级：无危（LC）

白马鸡
Crossoptilon crossoptilon

　　全长约80 cm，体羽大都呈白色；头顶具黑色短羽，脸部裸皮绯红色，白色的耳羽簇发达，突出于枕部两侧呈短角状；尾羽特长，辉蓝色，中央尾羽大都分散下垂，末端具紫色金属光泽；嘴和脚红色；两性相似。栖息于高山暗针叶林、杜鹃林和高山栎林中，常在林缘、灌丛和草地中觅食，冬季有时下到针阔叶混交林带活动。繁殖期间多见成对或单独活动，非繁殖期常结群活动。以植食性为主，也取食昆虫等动物性食物。巢营于岩洞中或灌丛中地面上隐蔽处。我国特有种，分布于四川、西藏、甘肃、青海和云南。

雉科 Phasianidae
中国保护等级：II级
中国评估等级：近危（NT）
世界自然保护联盟（IUCN）评估等级：近危（NT）
濒危野生动植物种国际贸易公约（CITES）：附录I

蓝马鸡
Crossoptilon auritum

　　大型雉鸡，全长约90 cm，身被闪亮的青灰色羽毛，披散如毛发状；头顶和枕部密布蓝黑色绒羽，嘴和面部裸皮绯红色，格外醒目；白色的耳羽簇斜向后方突出，宛如围着雪白的围巾被微风轻轻掠起；中央尾羽特长而上翘，羽枝披散下垂如马尾，两侧尾羽基部白色，其余为紫蓝色；脚珊瑚红色。栖息于高寒山区，常集小群活动于开阔高山草甸及桧树、杜鹃灌丛间。主要吃植物性食物，也食昆虫。羽翼退化，不善于飞翔。雄鸟在繁殖期为争配偶会激烈打斗，多营巢在浓密的灌木丛间或稍凹的处所。我国特有种，分布于青海、甘肃、宁夏、西藏及四川。

雉科 Phasianidae
中国保护等级：II级
中国评估等级：近危（NT）
世界自然保护联盟（IUCN）评估等级：无危（LC）

117

白颈长尾雉
Syrmaticus ellioti

　　雄鸟体长50～80 cm，颏、喉黑色，脸裸皮鲜红色，后颈和颈侧灰白色；上背、胸部和两翅辉栗色，翅上带横斑，下背和腰部蓝黑色；腹部白色，两肋栗色，具黑斑和白色羽端，尾羽尖长栗色，具银灰色和黑色横斑。雌鸟体长约45 cm，羽色较暗，上体满杂黑色斑纹，背部具白色羽斑，胸部及两肋浅棕色，具黑斑，羽端白色；腹部棕白色，外侧尾羽栗色。栖息于常绿阔叶林、落叶阔叶混交林，也在针阔混交林、竹林和灌丛中活动。常小群活动，以一雄两雌或三雌为主，雄鸟有复杂的求偶表演。杂食性，以植物性食物为主，也吃昆虫等动物性食物。我国特有种，分布在长江以南的西南、华中和华东地区。

雉科 Phasianidae
中国保护等级：I级
中国评估等级：易危（VU）
世界自然保护联盟（IUCN）评估等级：近危（NT）
濒危野生动植物种国际贸易公约（CITES）：附录I

黑颈长尾雉
Syrmaticus humiae

　　雄鸟体长约96 cm，整体棕褐色，脸部裸皮红色，头和颈部带紫色光泽；翅栗色，有两块白色横斑，次级覆羽浅蓝色；下背和腰灰白色具蓝黑斑、尾灰白色，具黑栗两色并列的横斑。雌鸟体形较小，整体褐色，头顶红褐色，枕及后颈灰色；背部杂以黑色斑纹，上背具白色矢状斑，下胸、腹部和两肋棕白色，夹杂棕褐色斑，外侧尾羽栗红色，具黑色次端斑和白色羽端。栖息于热带、亚热带阔叶林、针叶林、针阔混交林及疏林灌丛、草地和林缘地带，喜在林下蕨类和灌丛茂密的生境中活动。非繁殖季节多集3~5只小群活动。以植物性食物为主，也取食昆虫等。以一雄二雌为主，雄鸟求偶时的炫耀表现比较复杂。巢营于地面。我国分布于广西、云南和贵州，为留鸟；国外见于印度东北部、缅甸北部、泰国西北部。

雉科 Phasianidae
中国保护等级：1级
中国评估等级：易危（VU）
世界自然保护联盟（IUCN）评估等级：近危（NT）
濒危野生动植物种国际贸易公约（CITES）：附录I

白冠长尾雉
Syrmaticus reevesii

 　　雄鸟全长约210 cm，其中尾羽可达150 cm，头顶、颏、喉、颈部均呈白色；面部的黑色区域延伸至枕部形成一圈环绕头部的黑色环带；眼周裸皮鲜红色；上体大都金黄色，羽缘黑色；下体深栗色，胸、肋和两翅杂白色斑纹；尾羽特长，具黑色和栗色并列的带斑。雌鸟体长约75 cm，上体黄褐色，颈后和背部多橄榄褐色鳞状斑；下体浅栗棕色，向后转为棕黄色；尾比雄性的短许多，具黄褐色横斑。栖息于海拔300~2000 m的山谷丛林内，尤其喜欢在农田附近较为茂密的林下灌木和比较稀疏开阔的落叶阔叶林及针阔混交林内活动。性机警，非繁殖期成群活动。食物以果实、种子、嫩芽、叶、花、野草及部分农作物为主，也吃昆虫等无脊椎动物。巢营于草丛或灌丛中。我国特有种，分布于河北、山西、陕西、湖北、湖南、江西、河南、甘肃、云南、贵州、四川等地。

雉科 Phasianidae
中国保护等级：II级
中国评估等级：濒危（EN）
世界自然保护联盟（IUCN）评估等级：易危（VU）

环颈雉
Phasianus colchicus

　　全长约85 cm。雄鸟头和后颈大多黑绿色，头顶两侧具耳羽簇，眼周及两颊裸皮红色，颈侧和下颈深紫色，有些亚种有白色颈圈；体色从棕色至铜绿色或金黄色，多斑点并具金属光泽，两翼灰色，褐色尾羽长而尖，并有黑色横纹。雌鸟羽色暗淡，大都褐色和棕黄色，杂以黑斑，尾羽较短。栖息于山坡灌丛、草丛、竹丛和耕地边缘。多见单独、成对或结小群活动。食物主要为农作物和其他植物的叶、芽、种子、果实等，也取食昆虫等动物性食物。通常一雄配多雌，一般营巢于地面凹陷处。我国分布较广，仅海南和西藏羌塘高原未发现；国外原产于中亚、东亚、东南亚和南亚地区，已广泛引种至欧洲、大洋洲及北美洲。

雉科 Phasianidae
中国评估等级：无危（LC）
世界自然保护联盟（IUCN）评估等级：无危（LC）

红腹锦鸡
Chrysolophus pictus

　　全长约100 cm；雄鸟头顶具金黄色冠羽；后颈被亮橙黄色而具蓝黑色羽缘的翎领；喉近黄色，上背蓝绿色，羽缘黑色；下背至尾上覆羽金黄色，较长的尾上覆羽具红色端缘，尾皮黄色满布黑色斑纹；肩羽暗红色；内侧飞羽和覆羽深蓝色；下体余部深红色。雌鸟上体棕黄色而具黑褐色斑纹；颏和喉白色沾黄；下体棕黄色，具黑色横斑；腹纯棕黄色。主要栖息在常绿阔叶林、常绿落叶阔叶混交林及针阔混交林中。繁殖期多见单独或结小群活动。以植物性食物为主，也取食少量动物性食物，营巢于山坡杂草丛生的低洼处。我国特有种，见于青海、甘肃、陕西、四川、云南、贵州、湖南、湖北、广西。

雉科 Phasianidae
中国保护等级：II级
中国评估等级：近危（NT）
世界自然保护联盟（IUCN）评估等级：无危（LC）

白腹锦鸡
Chrysolophus amherstiae

　　全长约140 cm。雄鸟头顶、背、胸金属翠绿色；枕冠紫红色；翎领白色，羽片中央横纹和羽缘墨绿色；下背至腰黄色；尾上覆羽白色，有红色及黑色羽缘；尾长而具墨绿色斜形带斑和云石状花纹；翅上覆羽暗蓝色，羽缘黑色；飞羽暗褐色；腹部纯白色。雌鸟上体、胸部和尾部满布棕黄色与黑褐色相间的横斑和细纹；腹淡棕白色。栖息于常绿阔叶林、针阔混交林、针叶林及落叶林中，喜在山沟活动。非繁殖季节多10余只结群活动。主要以植物的茎、叶、花、果及种子为食，也吃部分昆虫。巢十分简陋，营于地面。我国分布于云南、西藏、四川、贵州、广西，为留鸟；国外见于缅甸东北部。

雉科 Phasianidae
中国保护等级：II级
中国评估等级：近危（NT）
世界自然保护联盟（IUCN）评估等级：无危（LC）

灰孔雀雉
Polyplectron bicalcaratum

　　体长56~76 cm，雌鸟略小。雄鸟体羽灰褐色，密布棕白色细点和横斑；喉近白色，冠羽前翻如刷，面部裸皮粉黄色；上背、翅上覆羽和尾羽端部或近端部具紫色和翠绿色金属光泽的眼状斑；下体具黄、白及深褐色横斑。雌鸟羽色较暗，羽冠不明显，尾羽较短，眼状斑不明显。栖息于热带雨林和季雨林中，常单独或成对活动。以植物的种子、果实等为食，也取食昆虫等动物性食物。巢营于隐蔽的稠密植物丛下的地面上。我国分布于云南西南部；国外分布于印度、孟加拉国、不丹、柬埔寨、老挝、缅甸、泰国、越南。

雉科 Phasianidae
中国保护等级：I级
中国评估等级：濒危（EN）
世界自然保护联盟（IUCN）评估等级：无危（LC）
濒危野生动植物种国际贸易公约（CITES）：附录II

绿孔雀
Pavo muticus

我国体形最大的雉类，雄鸟全长180~250 cm，雌鸟全长100~110 cm。雄鸟体羽金翠绿色；头顶耸立一簇约11 cm长的冠羽；下背具闪耀紫辉的铜钱状花斑；尾上覆羽特别发达，可长达1m以上，羽端有一闪耀蓝紫色和金黄色及翠绿色相嵌的眼状斑，形成华丽的尾屏。雌鸟尾上覆羽短，背羽多呈黑绿色而密布棕褐色斑纹，不如雄鸟羽色鲜艳。栖息于热带和亚热带河谷地带的常绿阔叶林及落叶阔叶林、针阔混交林和稀树草地。杂食性，以植物性食物为主，也取食昆虫等动物性食物。雄鸟求偶时，鲜艳的尾上覆羽展开如扇状，双翅低垂，并不断抖动尾上覆羽。巢营于郁密的灌木丛或高草丛间。我国仅分布于云南；国外分布于柬埔寨、泰国、老挝、越南、缅甸、印度尼西亚。

雉科 Phasianidae
中国保护等级：I级
中国评估等级：极危（CR）
世界自然保护联盟（IUCN）评估等级：濒危（EN）
濒危野生动植物种国际贸易公约（CITES）：附录II

125

鹏鹛目
PODICIPEDIFORMES

小䴙䴘
Tachybaptus ruficollis

体小，体长约27 cm，夏季背部黑褐色，下喉和颈侧栗红色，眼黄色，胸、腹部淡褐色，具明显黄色嘴斑；冬季背褐色，下喉和颈侧淡棕褐色，两性相似。喜在有丰富水生生物的湖泊、沼泽及涨过水的稻田活动。常单独或成分散小群于白天活动觅食。在水中漂游，捕食各种小型鱼类、虾、蜻蜓幼虫、蝌蚪等，偶尔也吃少量水生植物。我国常见水鸟，见于全国各地，为留鸟或夏候鸟；国外广泛分布于亚洲中部和南部、欧洲中部和南部、非洲南部、大洋洲等地。

䴙䴘科 Podicipedidae
中国评估等级：无危（LC）
世界自然保护联盟（IUCN）评估等级：无危（LC）

128

凤头䴙䴘
Podiceps cristatus

　　体长约56 cm；头顶和后颈部黑褐色，枕部具黑褐色羽冠，颈细长，上颈部具黑褐色杂棕色的皱领，前颈白色；上体黑褐色，下体白色；尾羽短小。栖息于湖泊和较大的水库坝塘之中，多见单独在水中分散活动。食物以鱼、虾和水草为主。我国繁殖于东北和西北地区，越冬时经过华北等地，迁往长江以南、东南沿海等地越冬；国外广泛分布于欧洲、亚洲、非洲、大洋洲等一些国家和地区。

䴙䴘科 Podicipedidae
中国评估等级：无危（LC）
世界自然保护联盟（IUCN）评估等级：无危（LC）

129

130

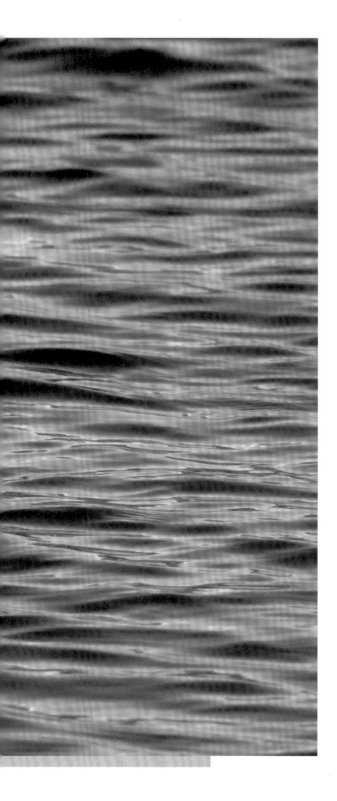

黑颈䴙䴘
Podiceps nigricollis

　　体长约30 cm；夏季头、颈和背部黑色，眼红色，眼后有一橙黄色的饰羽，两肋红褐色，胸、腹白色；冬季背部黑褐色、颊、喉污白色，前颈灰色，次级飞羽纯白色。多栖息在大型湖泊和水库之中，觅食鱼虾等食物。我国繁殖于新疆天山、内蒙古及东北地区，迁徙时见于我国大多数地区，分散越冬于华南、西南及东南沿海地区。国外分布不连贯，见于北美洲西部、欧洲、亚洲、非洲、南美洲等一些国家和地区。

䴙䴘科 Podicipedidae
中国评估等级：无危（LC）
世界自然保护联盟（IUCN）评估等级：无危（LC）

鹳形目
CICONIIFORMES

彩鹳
Mycteria leucocephala

　　体长93~102 cm；橙色的头部赤裸无羽，繁殖期变为红色，橙黄色的嘴粗而长，嘴尖稍向下弯曲；体羽主要为黑色和白色，飞羽、尾羽黑色，胸部有宽阔的黑色胸带，都具有绿色金属光泽，翼上大覆羽及翼下覆羽具白色宽带，其余翼上覆羽则具狭窄白色带；繁殖期背羽沾粉红色，脚长呈红色。主要栖息于湖泊、河流、水塘等淡水水域岸边浅水处及其附近沼泽和草地上，也会出现在农田中。主要以鱼为食，也吃蛙、爬行类、甲壳类和昆虫等动物性食物，偶尔也吃少许植物性食物。营巢于水域附近的树上。我国偶见于江苏、福建、海南、四川、云南、西藏；国外分布于南亚次大陆和中南半岛。

鹳科 Ciconiidae
中国保护等级：II级
中国评估等级：数据缺乏（DD）
世界自然保护联盟（IUCN）评估等级：近危（NT）

钳嘴鹳
Anastomus oscitans

体长约81 cm，体羽白色至灰色，飞羽和尾羽黑色；嘴较厚，下喙有凹陷，闭合时有明显缺口和弧形缝隙。在沼泽地和沿海滩涂觅食，食物包括软体类、甲壳类等小型水生无脊椎动物和鱼等。迁徙鸟类。我国首次记录是2006年由观鸟爱好者在云南发现的，之后在贵州、四川、广西、广东、江西陆续发现；国外分布于南亚次大陆和中南半岛。

鹳科 Ciconiidae
中国评估等级：无危（LC）
世界自然保护联盟（IUCN）评估等级：无危（LC）

黑鹳
Ciconia nigra

大型涉禽，全长100~110 cm，上体羽黑色，并带有绿紫色金属光泽，胸腹部及尾下覆羽白色；眼周裸皮、嘴、脚和趾均红色，嘴长而粗壮，颈长，脚细长。两性相似。常单独或成对栖息于较开阔的湖泊边缘沼泽地及田坝区，有时也成小群活动。以鱼类、两栖类及水生昆虫为食。有修补或添加新巢材后，次年再利用旧巢的习性。我国除西藏外的各省可见，繁殖于黄河以北的东北、华北及西北地区，越冬于长江流域及华南、西南地区。曾广泛分布于欧亚大陆和非洲，但近年来在很多传统的繁殖地已经绝迹。

鹳科 Ciconiidae
中国保护等级：1级
中国评估等级：易危（VU）
世界自然保护联盟（IUCN）评估等级：无危（LC）
濒危野生动植物种国际贸易公约（CITES）：附录II

136

白颈鹳
Ciconia episcopus

　　头顶有乌黑亮色的帽冠，脖颈和腹部为白色；上体深绿色，胸部、腹部具紫色羽团，粗壮厚实的喙黑色，喙尖泛紫色；腿长红色，雌雄相似，亚成鸟色彩暗淡。栖息在有树的湿地。喜好缓行觅食，寻找两栖动物、爬行动物和昆虫。利用粗大的枝杈在丛林树上筑巢。我国首次记录是2011年在云南纳帕海发现的；国外分布于南亚和东南亚。

鹳科 Ciconiidae
世界自然保护联盟（IUCN）评估等级：易危（VU）

东方白鹳
Ciconia boyciana

　　大型涉禽，体长110~128 cm；嘴长而粗壮、黑色，颈长，眼周裸皮红色；除飞羽黑色具铜绿色金属光泽外，余部体羽均为白色；脚和趾红色。幼鸟飞羽颜色较淡，呈褐色。喜欢在湖边沼泽、湿地涉水觅食。主要以鱼类、啮齿类、蛙类、蜥蜴、昆虫和小型哺乳类为食。我国繁殖于黑龙江、吉林，越冬于华北、华中、华东和华南地区，偶见于西南地区；国外繁殖于俄罗斯，在朝鲜、韩国、日本越冬。

鹳科 Ciconiidae
中国评估等级：濒危（EN）
世界自然保护联盟（IUCN）评估等级：濒危（EN）
濒危野生动植物种国际贸易公约（CITES）：附录I

秃鹳
Leptoptilos javanicus

　　体形硕大，全长100~110 cm；灰绿色的嘴粗大且直，裸出的头部及喉部粉红色，颈裸露的部分黄色，被稀疏的褐灰色短毛；两翼、背及尾黑色，闪绿色金属光泽；下体及领环白色，脚灰色。栖息于热带和亚热带地区的湖边、水塘、沼泽、溪流以及水田中，或出现在海岸红树林。喜单独或成小群活动。以鱼、蛙、爬行类、软体动物、甲壳类、啮齿类、雏鸟和昆虫等动物性食物为食。常营巢于沼泽旁高大的树上或海边红树林的红树上。我国见于江西、重庆、云南、四川和海南；国外分布于南亚次大陆、中南半岛和大巽他群岛。

鹳科 Ciconiidae
中国评估等级：数据缺乏（DD）
世界自然保护联盟（IUCN）评估等级：易危（VU）

鹈形目
PELECANIFORMES

黑头白鹮
Threskiornis melanocephalus

    体长约72 cm；头、颈皮肤裸出部呈黑色，嘴黑色，形侧扁且长，向下弯曲；体羽大部为白色，尾为灰色的蓬松丝状三级覆羽所覆盖；脚和趾黑色。栖息于沼泽、湖泊、河流、洪泛草地、稻田、潮间带湿地、红树林等生境。主要以鱼、蛙、蝌蚪、昆虫、蠕虫、甲壳类、软体动物以及小型爬行动物等为食。结群活动为主，巢建于树上或者灌木上。我国繁殖于东北地区，越冬于华东和华南地区，迁徙季见于东部和东南部沿海地区，偶见于四川、云南、台湾；国外广泛分布于南亚、东南亚，偶见于日本。

鹮科 Threskiornithidae
中国保护等级：II级
中国评估等级：极危（CR）
世界自然保护联盟（IUCN）评估等级：近危（NT）

142

彩鹮
Plegadis falcinellus

体长60 cm，体色艳丽，全身以栗紫色为主，羽毛有绿色或紫色金属光泽；嘴细长下弯，灰黑色，繁殖期眼先和眼周白色。栖息于沼泽、湖泊、河流、水塘或稻田的浅水地带，主要以蛙、小鱼，以及昆虫、甲壳类、软体动物等小型无脊椎动物为食。常单独或成小群觅食。营巢在厚密的芦苇丛中干地上或灌丛及低矮的树上。我国偶见于上海、江苏、浙江、福建、广东、河北、四川、云南、河南、海南和香港；国外见于欧洲、亚洲、大洋洲、非洲和美洲等一些国家和地区，间断式分布。

鹮科 Threskiornithidae
中国保护等级：II级
中国评估等级：数据缺乏（DD）
世界自然保护联盟（IUCN）评估等级：无危（LC）

143

白琵鹭
Platalea leucorodia

　　体长约86 cm；体羽几乎全白色，仅夏季枕部延长的饰羽和上喉部及胸部染黄色；嘴黑色，长而平扁，中段略窄，先端部黄色并扩展呈铲状，形如琵琶；脸部和喉等裸出部黄色；脚黑色。栖息于高原湖泊边缘的沼泽滩地，喜群聚于沼泽、湖泊等湿地的浅水区，用其平扁的嘴在水中横扫来觅食的水生昆虫、鱼类及其他无脊椎水生动物。我国繁殖于新疆西北部至东北，冬季南迁经中部地区至西南和东南沿海地区越冬；国外分布于欧洲、南亚、非洲北部和日本南部等地。

鹮科 Threskiornithidae
中国保护等级：II级
中国评估等级：近危（NT）
世界自然保护联盟（IUCN）评估等级：无危（LC）
濒危野生动植物种国际贸易公约（CITES）：附录II

黑脸琵鹭
Platalea minor

体长约80 cm，周身体羽几乎为白色，额至脸部裸露皮肤呈黑色且少扩展。嘴灰黑色，形似琵琶。腿与脚趾均黑色。繁殖期头后冠羽长而呈黄色丝状，冬羽纯白且羽冠较短；夏羽羽冠及胸羽染黄色。栖息于沿海岛屿海边芦苇沼泽或内陆湖泊、水塘、河口、稻田等，喜在浅水区涉水行走，姿态优雅。喜群居，常与其他鹭类等涉禽混杂一起。捕食水底层的鱼、虾、蟹、软体动物、水生昆虫和水生植物等。喜筑巢于悬崖顶部的岩石上，主要由干树枝和干草等构成。在我国繁殖于辽宁的海岛，冬季迁徙至广东、香港、海南、台湾越冬，偶见于四川、贵州越冬；国外主要分布于朝鲜、韩国、日本、俄罗斯、泰国、菲律宾、越南。

鹮科 Threskiornithidae
中国保护等级：II级
中国评估等级：濒危（EN）
世界自然保护联盟（IUCN）评估等级：濒危（EN）

145

大麻鳽
Botaurus stellaris

  体长约76 cm，除头顶黑褐色外，全身羽毛呈皮黄色，满布黑色纵纹和杂斑；喉浅黄色，嘴黄褐色，脚黄绿色。栖息于湖泊、河流、坝塘等湿地边缘浅滩地带的草丛和水田中。以小型脊椎动物和昆虫等为食，有时也取食水草等。夜行性，多单独活动。我国繁殖于新疆、内蒙古及东北各省，冬季南迁至长江流域、东南沿海地区以及台湾和云南南部越冬；国外分布于非洲、欧洲、亚洲等一些国家和地区。

鹭科 Ardeidae
中国评估等级：无危（LC）
世界自然保护联盟（IUCN）评估等级：无危（LC）

黄斑苇鳽
Ixobrychus sinensis

　　体长约32 cm；顶冠黑色，上体淡黄褐色，下体皮黄色，黑色的飞羽与皮黄色的覆羽成强烈对比。栖息于平原、低山丘陵富有水生植物的开阔水域，也在水田、沼泽附近的草丛与灌木丛活动。常单独或成对活动。主要以小鱼、虾、蛙、水生昆虫等动物性食物为食。我国繁殖于东部大部分地区，在广东、台湾、海南和云南为留鸟；国外繁殖于南亚、东南亚，冬季于印度尼西亚等热带地区越冬。

鹭科 Ardeidae
中国评估等级：无危（LC）
世界自然保护联盟（IUCN）评估等级：无危（LC）

147

紫背苇鳽
Ixobrychus eurhythmus

　　全长约39 cm；雄鸟头顶黑褐色，颊和喉淡棕白色，喉至前胸中央有一条黑褐色纵纹，上体余部暗紫栗色，翅上覆羽皮黄色，翅斑明显，飞羽灰黑色，胸和腹部皮黄色，尾羽黑色；雌鸟与雄鸟相似，但背、肩和翅上满布白色点斑。栖息于江河、湖泊的浅滩沼泽湿地以及水田中，常单独或结小群在水边的草丛或灌丛中活动。以水生动物和昆虫等为食。我国分布于东北、华南和西南地区；国外繁殖于东北亚和东亚，越冬于马来西亚、印度尼西亚和菲律宾，迁徙时过境中南半岛。

鹭科 Ardeidae
中国评估等级：无危（LC）
世界自然保护联盟（IUCN）评估等级：无危（LC）

148

栗苇鳽
Ixobrychus cinnamomeus

　　体长约39 cm；雄鸟前额、头顶及上体栗红色；下体皮黄色，有稀疏的黑褐色纵纹；嘴黄色，尖端暗褐色，颏、喉中央有一条向后伸达前胸的棕褐色纹，喉两侧各有一白色纵纹；脚黄绿色。雌鸟似雄鸟，但背部羽色较深，密布白色斑点，胸和腹部纵纹较多。多单独栖息于河流、水库、湖泊和稻田等水域边缘的芦苇、草丛中，涉足浅滩、草丛中觅食。以蛙类、鱼类、虾和水生昆虫等为食。我国繁殖于东部大部分地区，在华南和西南地区为留鸟；国外广泛分布于南亚和东南亚。

鹭科 Ardeidae
中国评估等级：无危（LC）
世界自然保护联盟（IUCN）评估等级：无危（LC）

黑苇鳽
Ixobrychus flavicollis

　　体长约54 cm；雄鸟通体亮青灰色，颈侧黄色，喉具黑色及黄色纵纹。雌鸟褐色较浓，下体白色较多。栖息于溪边、湖泊、水塘、芦苇、沼泽、稻田、红树林和竹林中。主要在黄昏和夜间活动。以小鱼、泥鳅、虾和水生昆虫为食。营巢于水上方或沼泽上方的密林植被中。我国见于长江中下游及其以南地区；国外分布于南亚、东南亚、大洋洲北部。

鹭科 Ardeidae
中国评估等级：无危（LC）
世界自然保护联盟（IUCN）评估等级：无危（LC）

150

海南鸦
Gorsachius magnificus

　　体长约58 cm；头顶和羽冠黑色，眼先绿色，眼后有一条白色纹，耳羽黑色，上颈侧橙褐色；上体灰褐色，翼具棕色肩斑，飞羽岩灰色，具白色点斑；胸具矛尖状皮黄色长羽，下体白色，具褐色鳞状斑，脚绿色。主要栖息于亚热带高山密林中的山沟河谷和其他水域，夜行性。食性以小鱼、蛙和昆虫等动物性食物为主。我国分布于华东、华中、华南和西南地区；国外见于越南北部。

鹭科 Ardeidae
中国保护等级：II级
中国评估等级：濒危（EN）
世界自然保护联盟（IUCN）评估等级：濒危（EN）

黑冠鳽
Gorsachius melanolophus

体长约49 cm；头顶具短的黑色冠羽，嘴粗短，上嘴下弯，颏白，具黑色纵中线；上体栗褐色并多具黑色点斑，下体棕黄色而具黑白色纵纹，飞行时飞羽呈黑色而翼尖白色。多活动于山区林间的竹林地、河川溪涧、水库边、稻田或池塘旁，以鱼、虾、蛙及水生昆虫为食。夜行性。常成对筑巢于原始林中河流与溪流边高大的乔木上。我国分布于云南西南部、广西南部、海南、台湾；国外见于印度南部、斯里兰卡、中南半岛和南太平洋地区。

鹭科 Ardeidae
中国评估等级：近危（NT）
世界自然保护联盟（IUCN）评估等级：无危（LC）

夜鹭
Nycticorax nycticorax

　　体长约54 cm；头顶、上背和肩羽黑色，具铜绿金属光泽；枕冠中央生有2~3枚白色带状长羽，悬垂于后颈；上体余部灰色，下体纯白色。栖息于沼泽滩地及开阔田坝区，常停歇在田坝中或居民点附近的大树和竹丛上。10多只或数十只结群活动，觅食昆虫及其他小型动物。在我国东北、华北、华中、华东和西南地区为夏候鸟，华南地区为留鸟；国外广泛分布于欧亚大陆、非洲大陆、美洲大陆的温带和热带地区。

鹭科 Ardeidae
中国评估等级：无危（LC）
世界自然保护联盟（IUCN）评估等级：无危（LC）

153

绿鹭
Butorides striata

　　体长约43 cm，雄鸟顶冠及松软的长冠羽闪绿黑色光泽，一道黑色线从嘴基部过眼下及脸颊延至枕后；两翼及尾青蓝色并具绿色光泽，羽缘皮黄色；腹部粉灰色，颏白色。雌鸟体形比雄鸟略小，体色沾棕红色。栖息于山区沟谷、河流、湖泊、水库林缘与灌木草丛中，也栖于稻田、芦苇地或红树林等有浓密枝叶覆盖的地方。主要以鱼为食，也吃蛙、蟹、虾、水生昆虫。主要在清晨和黄昏觅食。结小群营巢。我国主要分布于东部大部分地区，在华南繁殖的为留鸟；广泛分布于全球除寒带以外的广大地区。

鹭科 Ardeidae
中国评估等级：无危（LC）
世界自然保护联盟（IUCN）评估等级：无危（LC）

印度池鹭
Ardeola grayii

　　体长约46 cm，体形呈纺锤形，体羽疏松，夏季具有丝状蓑羽；颈短，喙浅黄色或棕色，背部色深，下体色浅，飞行时白色的翅膀十分突出，腿红色或黄绿色。栖息于沼泽、稻田、池塘等水域附近，也出现在城镇的树木上。主要食物包括甲壳类动物、蛙类、昆虫、鱼类。繁殖季常与其他水禽杂居，巢多建在大树上。在我国新疆西部、云南中部有记录；国外分布于南亚和东南亚西北部。

鹭科 Ardeidae
世界自然保护联盟（IUCN）评估等级：无危（LC）

155

池鹭
Ardeola bacchus

　　体长约45 cm，夏季头、颈部和胸部栗红色，从背到尾被蓝黑色发状蓑羽，余部体羽白色；冬季无冠羽和蓑羽，颈部具黑褐色与黄白相间的纵纹；嘴尖黑，基部黄绿色；脚黄绿色。栖息于稻田、湖泊、河流边缘的树林、灌木和苇塘等草丛中，单独或3~5只小群在河滩沼泽地及水稻田中觅食。以小型脊椎动物和昆虫等为食。我国常见于华南、华中、华北地区，在西南地区为留鸟或冬候鸟；国外见于中南半岛和大巽他群岛。

鹭科 Ardeidae
中国评估等级：无危（LC）
世界自然保护联盟（IUCN）评估等级：无危（LC）

牛背鹭
Bubulcus ibis

体长约51 cm，嘴黄色；夏季除头、颈、胸和背上蓑羽橙黄色外，其余均为白色。冬羽全身呈白色、头顶和后颈渲染黄色。两性相似。栖息于田坝区和开阔河谷的沼泽滩地。冬季10多只结群，在田地和草地上活动觅食，喜跟随放牧的牛、马等牲畜，啄吃惊飞起来的昆虫以及牛身体上的蜱螨等寄生虫。我国主要分布于秦岭以南广大地区；国外分布于全球亚热带和热带广大地区。

鹭科 Ardeidae
中国评估等级：无危（LC）
世界自然保护联盟（IUCN）评估等级：无危（LC）

苍鹭
Ardea cinerea

体长约96 cm，体羽主要呈青灰色；嘴黄色，长而尖，前额和颈白色，颈细长，前颈有2~3条黑色纵纹，枕冠黑色而长；胸和腹部中央白色，两侧缘黑色，脚长。雌鸟体形稍小，黑色枕冠较短。冬季常见五六只或10多只结群，在湖泊、河流和水塘边缘的浅滩、沼泽觅食鱼、虾、昆虫及其他小动物。常单脚站立着伺机捕食。我国各地几乎都有分布，在南方为留鸟，在东北等高寒地区的繁殖种群冬季迁到南方越冬；国外分布于欧亚大陆和非洲大陆除寒带以外的广大地区。

鹭科 Ardeidae
中国评估等级：无危（LC）
世界自然保护联盟（IUCN）评估等级：无危（LC）

草鹭
Ardea purpurea

　　体长约95 cm；前额、头顶和枕冠蓝黑色，嘴黄褐色，长而尖，颈细长，栗红色，两侧有蓝黑色纵纹；上体蓝褐色，肩羽棕栗色呈矛状，垂于背部两侧；胸、腹部中央灰黑色，两侧栗色；尾暗褐色，闪金属光泽；两性相似。栖息于河流、湖泊等水域附近的沼泽中，常3～5只结小群活动，在浅滩、沼泽地涉水觅食小鱼、昆虫等小动物。我国分布于东北、华北、华中、华东、华南和西南地区；国外分布于欧亚大陆除寒带以外的地区和非洲大陆。

鹭科 Ardeidae
中国评估等级：无危（LC）
世界自然保护联盟（IUCN）评估等级：无危（LC）

159

大白鹭
Ardea alba

体长约95 cm，体形比中白鹭大，全身羽毛纯白，头无羽冠，口角有一条黑线延伸到眼后；繁殖期背和前额下部有长蓑羽，嘴黑色，眼先蓝绿色；冬季嘴和眼先黄色，背和前颈无蓑羽。栖息于沼泽、湖泊、水库和河滩等的浅水地中，常与白鹭、中白鹭等鹭科鸟类混群活动，以鱼、虾等水生动物为食。国内繁殖于东北地区及新疆、河北、福建、云南，迁徙和越冬期间见于西北、华北地区及长江中下游和东南沿海地区；国外广泛见于全球温带地区。

鹭科 Ardeidae
中国评估等级：无危（LC）
世界自然保护联盟（IUCN）评估等级：无危（LC）

中白鹭
Ardea intermedia

体长约68 cm；体形比大白鹭小，较白鹭稍大，全身羽毛纯白，枕部无冠羽；脚和趾黑色；繁殖期前颈下部和背均具蓑羽，嘴黑色，眼先裸出部分黄绿色；冬季无蓑羽，嘴黄色前端黑色，眼先裸出部黄色。栖息于开阔河谷、盆地的坝区地带，在田坝、河流浅滩、沼泽湿地中觅食小鱼、虾、蛙类及昆虫。我国南方地区常见的繁殖鸟，在云南为留鸟；国外分布于南亚、东南亚和东亚。

鹭科 Ardeidae
中国评估等级：无危（LC）
世界自然保护联盟（IUCN）评估等级：无危（LC）

161

白鹭
Egretta garzetta

　　体长约61 cm，体态瘦小，全身羽毛纯白色，嘴黑色，眼先裸出部分粉红色至紫红色，背和前胸均被蓑羽，腿黑色，趾黄绿色；夏季枕部着生两枚带状长羽，垂于后颈，形若双辫，背上蓑羽的羽枝特别松散而延长，伸达尾端；冬季枕后无冠羽，前胸和背的蓑羽较短。栖息于河谷、田坝区和山坡农耕地，在沼泽滩地及水田中觅食小鱼、虾、昆虫及其他小动物，兼食水草等少量植物性食物。我国南方地区常见物种；国外广泛分布于非洲、欧洲、亚洲、大洋洲等一些国家和地区。

鹭科 Ardeidae
中国评估等级：无危（LC）
世界自然保护联盟（IUCN）评估等级：无危（LC）

岩鹭
Egretta sacra

　　体长约58 cm，有灰色型和白色型两种；灰色型较常见，体羽灰色并具短冠羽，颏近白色；白色型十分稀少。典型的海岸留鸟，生活于热带和亚热带海洋岛屿和沿海海岸，尤喜欢栖息在海岛和海岸岩石上。黄昏时分活动频繁。除繁殖期外，常常单独活动，主要以鱼类、虾、甲壳类、昆虫和软体动物等动物性食物为食。营巢于海岛岩壁的缝隙或树上、低矮灌木上。我国分布于浙江、福建、台湾、广东、广西、香港、海南等地；国外分布于东亚、东南亚、大洋洲的沿海地区。

鹭科 Ardeidae
中国保护等级：II级
中国评估等级：无危（LC）
世界自然保护联盟（IUCN）评估等级：无危（LC）

黄嘴白鹭
Egretta eulophotes

体长约49 cm，全身白色；夏季嘴黄色，眼先裸出部分蓝色，枕部有长饰羽，背、肩和前颈下部有蓑状长羽，脚黑色，趾黄色；冬羽嘴黑褐色，下嘴基部黄色，眼先黄绿色、枕部、背、肩部和前颈蓑羽脱落，脚黄绿色。栖息于湖边的沼泽、河口、水田等地，以鱼、蛙和昆虫为食。巢位选择在灌丛、灌木内和草丛上。我国主要分布于辽宁、江苏、浙江、福建、广东、广西和海南等地，在云南西北部和台湾为旅鸟；国外繁殖于俄罗斯、朝鲜、韩国，在菲律宾、马来西亚、新加坡、印度尼西亚和越南等国越冬。

鹭科 Ardeidae
中国保护等级：II级
中国评估等级：易危（VU）
世界自然保护联盟（IUCN）评估等级：易危（VU）

白鹈鹕
Pelecanus onocrotalus

　　体长140~175 cm，体形粗短，颈细长，通体粉白色，缀有一些橙色；嘴长而粗直，铅蓝色，嘴下有一橙黄色皮囊，眼部裸露的皮肤为橙黄色；初级飞羽及次级飞羽羽尖黑褐色；繁殖期头后部有一簇长而窄的白色冠羽，胸部有一簇黄色的披针形羽毛。栖息于湖泊、江河、沼泽地带。常成群生活，善于飞行和游泳，主要以鱼类为食。繁殖期成群营巢于湖中小岛、湖边芦苇浅滩、河流岸边或沼泽地上。在河流岸边和沼泽地等处营巢。在我国新疆天山西部和青海的青海湖繁殖，在四川、甘肃、河南、福建、北京、安徽、江苏为旅鸟或迷鸟；国外见于欧洲东南部、中亚、西亚、南亚和非洲。

鹈鹕科 Pelecanidae，
中国保护等级：II级
中国评估等级：濒危（EN）
世界自然保护联盟（IUCN）评估等级：无危（LC）

斑嘴鹈鹕
Pelecanus philippensis

　　体长约150 cm；枕部有灰色羽冠，喙长而宽大，上下嘴边缘具有一排蓝黑色斑点，嘴下喙具有发达的暗紫色皮肤质喉囊，眼周裸皮橙黄色；周身羽毛白色，两翼深灰色，下体繁殖期白色带有粉红色。栖息于湖泊、江河、沼泽地带，主要以鱼类为食，也吃蛙、甲壳类、蜥蜴、蛇等。结群营巢于湖边和沼泽湿地的树上。我国分布于云南、河南、海南、广西、北京、江苏、海南；国外分布于印度、斯里兰卡、缅甸、老挝、泰国、越南、柬埔寨、印度尼西亚。

鹈鹕科 Pelecanidae
中国保护等级：II级
中国评估等级：濒危（EN）
世界自然保护联盟（IUCN）评估等级：近危（NT）

166

167

鲣鸟目
SULIFORMES

黑颈鸬鹚
Microcarbo niger

　　体长约51 cm，成鸟体羽辉黑色，体形比普通鸬鹚稍小，脸颊及肋部无白斑。栖息于河谷地区，常在河流沿岸的树木、灌丛或石头上站立。于水中捕食鱼类和水生昆虫。在我国云南西部为留鸟，东南部为夏候鸟；国外繁殖于印度、斯里兰卡、印度尼西亚及中南半岛。

鸬鹚科 Phalacrocoracidae
中国保护等级：II级
中国评估等级：无危（LC）
世界自然保护联盟（IUCN）评估等级：无危（LC）

普通鸬鹚
Phalacrocorax carbo

　　体长约70 cm，成鸟通体黑色；颊和上喉部淡棕白色，肩羽和翼覆羽铜褐色，羽缘暗蓝黑色；嘴角及下嘴底部、喉囊的裸露皮肤黄色；脚、趾和蹼均为黑色。雌雄成鸟相似。越冬期间常见单独或五六只，也见10多只结群活动于湖泊和江河等水域。主要食物是鱼类。有渔民驯养鸬鹚捕鱼，又称"鱼鹰"。在我国黄河以北繁殖，冬季到黄河或长江以南越冬，南方繁殖群一般不迁徙；国外分布于北美洲、欧洲、亚洲、非洲、大洋洲等一些国家和地区。

鸬鹚科 Phalacrocoracidae
中国评估等级：无危（LC）
世界自然保护联盟（IUCN）评估等级：无危（LC）

鹰形目
ACCIPITRIFORMES

鹗
Pandion haliaetus

    全长约56 cm；前额至后枕白色，头顶具黑色细纹；过眼纹黑褐色；上体余部和翅表面暗褐色；尾羽棕褐色具淡棕白色横斑；下体白色，胸部棕褐色条纹形成胸带纹；嘴黑色，脚灰色，趾几乎等长，有尖锐的角质刺突，适于捕捉鱼类。栖息于江河和湖泊等水域周边，常单独站立在突出物上。以鱼、蛙和蜥蜴等小型脊椎动物为食。我国分布几乎遍及各地，但数量稀少，在黑龙江、吉林、辽宁、内蒙古、新疆、甘肃、宁夏为夏候鸟，海南为留鸟，其余地方为旅鸟或冬候鸟；广泛分布于两极和北寒带以外的世界各地。

鹗科 Pandionidae
中国保护等级：II级
中国评估等级：近危（NT）
世界自然保护联盟（IUCN）评估等级：无危（LC）
濒危野生动植物种国际贸易公约（CITES）：附录II

黑翅鸢
Elanus caeruleus

　　全长约33 cm；嘴基污黄色，前端黑色；上体灰色，翅上小覆羽亮黑色，初级飞羽黑色，形成明显的两块翅上黑斑；下体白色，脚黄色；两性相似。栖息于农田、灌丛等开阔地，以青蛙、老鼠和昆虫等为食。在树上营巢。我国分布于河北、浙江、福建、广西、云南、西藏；国外分布于非洲大陆、南亚次大陆、中南半岛和马来群岛。

鹰科 Accipitridae
中国保护等级：II级
中国评估等级：近危（NT）
世界自然保护联盟（IUCN）评估等级：无危（LC）
濒危野生动植物种国际贸易公约（CITES）：附录II

175

胡兀鹫
Gypaetus barbatus

全长约110 cm。头灰白色，过眼纹黑色，后颈、肩和下体棕白色，上体余部黑褐色具白色斑纹，下体黄褐色；尾黑灰色，呈楔尾形。栖息于高山和亚高山及高原草甸、稀树灌丛、裸岩地带，常单独或结小群活动，能长时间在空中翱翔。以动物的尸体等为食，有时也捕食中小型脊椎动物。在我国新疆为夏候鸟或繁殖鸟，在四川、云南、西藏、甘肃、青海、宁夏为留鸟，其他地区为迷鸟；国外分布于非洲、欧洲南部、亚洲中部和西部。

鹰科 Accipitridae
中国保护等级：I级
中国评估等级：近危（NT）
世界自然保护联盟（IUCN）评估等级：近危（NT）
濒危野生动植物种国际贸易公约（CITES）：附录II

凤头蜂鹰
Pernis ptilorhynchus

　　体长约58 cm，凤头或有或无，体色有浅色、中间色及深色型；上体由白至赤褐至深褐色，下体满布点斑及横纹，尾具不规则横纹；具对比性浅色喉块，羽缘以浓密的黑色纵纹，常具黑色中线；雌鸟显著大于雄鸟。栖息于森林地带，常单独活动于森林边缘、村庄、农田、果园等地。嗜食蜂蜜、蜂蛹，也捕食其他昆虫、小型鼠类和爬行类等。一般在高大的乔木上搭窝，有时也利用苍鹰的旧巢。我国繁殖于东北地区，冬季至台湾、海南及东南沿海各省越冬，在四川南部、云南为留鸟；国外分布于南亚、东南亚。

鹰科 Accipitridae
中国保护等级：II级
中国评估等级：近危（NT）
世界自然保护联盟（IUCN）评估等级：无危（LC）
濒危野生动植物种国际贸易公约（CITES）：附录II

褐冠鹃隼
Aviceda jerdoni

　　体长约45 cm，长冠羽常垂直竖起；上体褐色，下体白色具黑色纵纹，胸腹部具赤褐色横纹；飞行时两翼尤其近端处甚宽，平尾。栖息于丘陵、山地、平原森林和林缘地带，常单独活动，在早晨和黄昏较为频繁。主要以蜥蜴、蛙、蝙蝠、昆虫等小型动物为食，但不攻击鸟类。常营巢于高山森林中的树上。我国分布于云南西南部、广西西南部和海南，为留鸟；国外分布于印度、不丹、孟加拉国、菲律宾、印度尼西亚及中南半岛。

鹰科 Accipitridae
中国保护等级：II级
中国评估等级：近危（NT）
世界自然保护联盟（IUCN）评估等级：无危（LC）
濒危野生动植物种国际贸易公约（CITES）：附录II

178

黑冠鹃隼
Aviceda leuphotes

　　体长32 cm；头顶具有显著的长而垂直竖立的蓝黑色冠羽；体羽黑色，胸具白色宽纹；两翼短圆而灰色，翼端黑色，并具白斑；腹部具深栗色横纹。栖息于平原低山丘陵和高山森林地带，也出现于疏林草坡、村庄和林缘田间地带。成对或成小群活动。以蝗虫、蝉、蚂蚁等昆虫为食，也爱吃蝙蝠、鼠类、蜥蜴和蛙等小型脊椎动物。营巢于森林中河流岸边或邻近的高大树上。我国分布于西南、华中和华南地区。国外分布于南亚和东南亚。

鹰科 Accipitridae
中国保护等级：II级
中国评估等级：无危（LC）
世界自然保护联盟（IUCN）评估等级：无危（LC）
濒危野生动植物种国际贸易公约（CITES）：附录II

高山兀鹫
Gyps himalayensis

　　全长约150 cm，头和颈部裸露，散布污白色短绒羽；上体暗褐色，具浅色纵纹，尾羽表面黑色；胸部中央有一块密被褐色短羽的胸斑，胸斑两侧围以松软的白色绒羽，下胸、腹至尾下覆羽褐色，具淡棕白色纵纹；两性相似。栖息于高山和亚高山草甸，常集群在空中飞翔寻找食物。主要以动物尸体等为食。我国分布于云南、西藏、四川、青海、宁夏、内蒙古、甘肃、新疆；国外主要分布于中亚东部、南亚北部、东南亚北部。

鹰科 Accipitridae
中国保护等级：II级
中国评估等级：近危（NT）
世界自然保护联盟（IUCN）评估等级：近危（NT）
濒危野生动植物种国际贸易公约（CITES）：附录II

秃鹫
Aegypius monachus

全长约100 cm。头和颈部裸露，皮肤呈铅蓝色；头顶被污褐色绒羽，皱领淡褐近白色；胸前密被毛状绒羽，余部羽毛主要呈黑褐色；胸和腹部具浅色纵纹。栖息于开阔草原及耕作地区，常在空中盘旋，寻找食物，主要以大型动物尸体为食，偶尔攻击活的小型兽类、两栖类和家畜等。我国各地均有分布；国外分布于欧洲南部、亚洲中部和南部。

鹰科 Accipitridae
中国保护等级：II级
中国评估等级：近危（NT）
世界自然保护联盟（IUCN）评估等级：近危（NT）
濒危野生动植物种国际贸易公约（CITES）：附录II

蛇雕
Spilornis cheela

　　全长约69 cm；雌鸟头顶至后枕黑褐色，羽基白色，呈斑驳状，后枕羽较长而呈冠状；上体余部褐色，具白色点斑；中央尾羽端斑和中部的宽带斑黑褐色，下体羽主要呈棕褐色，满布白色点斑。雄鸟与雌鸟相似，但颈侧、颏、喉至上胸灰褐色。栖息于高大的常绿阔叶林中，常单独或成对停歇在高大乔木顶端，或在高空中盘旋。食物以蛇类、蛙类、蜥蜴类为主，也取食野鼠等小型哺乳类。我国分布于云南、西藏、海南、福建、江西、贵州、广西、浙江、安徽、广东、台湾，为留鸟；国外分布于南亚和东南亚。

鹰科 Accipitridae
中国保护等级：II级
中国评估等级：近危（NT）
世界自然保护联盟（IUCN）评估等级：无危（LC）
濒危野生动植物种国际贸易公约（CITES）：附录II

182

凤头鹰雕
Nisaetus cirrhatus

　　全长约46 cm。头顶至后颈黑褐色，后枕具黑褐色短羽冠；上体暗褐，尾上覆羽具白色端斑，尾羽褐色，具黑褐色带斑；下体白色，颚纹和中央喉纹黑色，胸部具棕褐色纵纹，腹部具棕褐色横斑。两性相似，但雌鸟体形较大。栖息于热带、亚热带湿性常绿阔叶林中，常单独活动，在森林的上空盘旋，有时也见停歇在大树顶端。以小型爬行类、鸟类和哺乳类为食。我国分布于云南西部和西南部、西藏东南部；国外见于南亚和东南亚。

鹰科 Accipitridae
中国保护等级：II级
中国评估等级：近危（NT）
世界自然保护联盟（IUCN）评估等级：无危（LC）
濒危野生动植物种国际贸易公约（CITES）：附录II

183

鹰雕
Nisaetus nipalensis

　　全长约77 cm，翼宽，尾长而圆，具长冠羽。有深色型和浅色型。深色型，上体褐色，具黑及白色纵纹及杂斑，尾红褐色有几道黑色横斑、颏、喉及胸白色，具黑色的喉中线及纵纹，下腹部、大腿及尾下棕色而具白色横斑；浅色型，上体灰褐色，下体偏白色，有近黑色的过眼线及髭纹，飞翔时翅膀显得十分宽阔，翅下和尾羽下的黑色和白色交错横斑极为醒目。繁殖季多栖息于不同海拔高度的山地森林地带，最高可达海拔4000 m以上，冬季到低山丘陵和山脚平原地区的阔叶林和林缘地带活动。主要以野兔、野鸡和鼠类等为食，也捕食小鸟和大的昆虫，偶尔还捕食鱼类。在乔木树冠上营巢。我国分布于西藏、云南、四川、贵州、广西、海南、广东、香港、福建、台湾、江苏、江西、浙江；国外分布于南亚和东南亚。

鹰科 Accipitridae
中国保护等级：II级
中国评估等级：近危（NT）
世界自然保护联盟（IUCN）评估等级：无危（LC）
濒危野生动植物种国际贸易公约（CITES）：附录II

棕腹隼雕
Lophotriorchis kienerii

　　体长约50 cm，具短冠羽。头顶、脸颊及上体近黑色；颏、喉及胸白色，具黑色纵纹；两胁、腹部、腿及尾下棕色，腹部具黑色纵纹，尾深褐而具黑色横斑及白色尾端；飞行时初级飞羽基部的浅色圆形斑块显见。栖息于低山和山脚地带的阔叶林及混交林中。主要以雉鸡、翠鸟、鸠鸽类、鼠类等动物为食。常营巢于密林中高大乔木的顶部枝杈上。我国分布于云南南部、海南；国外分布于南亚和东南亚。

鹰科 Accipitridae
中国保护等级：II级
中国评估等级：近危（NT）
世界自然保护联盟（IUCN）评估等级：无危（LC）

185

林雕
Ictinaetus malaiensis

　　体长61~81 cm，通体黑褐色；嘴铅色，尖端黑色，蜡膜和嘴裂黄色，头、翼及尾色较深，尾上覆羽淡褐色具白横斑，尾羽有不明显的灰褐色横斑；脚、趾黄色，爪黑色；飞行时初级飞羽基部具明显的浅色斑块，翼端有明显的7根"翼指"，尾长而宽。栖息在海拔1000~2500 m的热带雨林、季风常绿阔叶林、中山湿性常绿阔叶林、亚高山针叶林、箭竹林和灌丛及其林缘地带。捕食鼠类、蛇、蜥蜴、蛙、雉类和小型鸟类。营巢于高大的乔木上部，有极强的护巢行为。我国分布于西藏、云南、陕西、四川、安徽、江西、福建、广东、海南、台湾等地；国外分布于南亚和东南亚。

鹰科 Accipitridae
中国保护等级：II级
中国评估等级：易危（VU）
世界自然保护联盟（IUCN）评估等级：无危（LC）
濒危野生动植物种国际贸易公约（CITES）：附录II

乌雕
Clanga clanga

　　体长61～74 cm，通体暗褐色；嘴黑色，基部色较浅淡，背部显紫色光泽，下体色淡，飞行时两翅宽长而平直，两翅不上举，尾羽短而圆，基部有一个"V"形白斑和白色端斑；脚黄色，爪黑褐色。栖息于低山丘陵和开阔平原地区的森林中，特别是河流、湖泊和沼泽地带的疏林和平原森林。食物主要为青蛙、蛇类、鱼类、鸟类及昆虫。营巢于森林中乔木树上。我国繁殖于新疆和东北，越冬于华东、华南沿海地区和云南，迁徙途经多地；繁殖于俄罗斯南部、乌克兰、哈萨克斯坦、土耳其，越冬于欧洲南部、非洲北部、亚洲南部。

鹰科 Accipitridae
中国保护等级：II级
中国评估等级：濒危（EN）
世界自然保护联盟（IUCN）评估等级：易危（VU）
濒危野生动植物种国际贸易公约（CITES）：附录II

187

靴隼雕
Hieraaetus pennatus

    体长约50 cm，胸棕色（深色型）或淡皮黄色（浅色型），无冠羽，腿被羽；上体褐色具黑色和皮黄色杂斑，两翼及尾深褐色，飞行时深色的初级飞羽与皮黄色（浅色型）或棕色（深色型）的翼下覆羽成强烈对比；尾下色浅。栖息于山地林缘地带。以鼠和小鸟为食。我国见于东北地区北部、西北地区西部；国外见于欧洲、亚洲西部和非洲。

鹰科 Accipitridae
保护等级：II级
世界自然保护联盟（IUCN）评估等级：无危（LC）
濒危野生动植物种国际贸易公约（CITES）：附录II

草原雕
Aquila nipalensis

　　全长约75 cm；体羽以褐色为主，头顶较暗，头顶和颈具浅色纵纹；胸、上腹及两肋有棕色纵纹，飞羽暗褐色，杂以暗横斑，翅上具两条浅色横斑，尾羽黑褐色有灰褐色横斑，羽端缀白色；下体暗土褐色，尾下覆羽淡棕色，并有褐斑。嘴黑褐色，爪黑色。主要栖息在开阔的平原、草原、荒漠和丘陵地带。以鼠类、野兔、蜥蜴、蛇、鸟类等小型脊椎动物为食。喜营巢于悬崖峭壁上或乔木上。雕属的幼鸟大多异步孵化，通常产第一枚卵后间隔2~3天产第二枚，雏鸟出壳时间相差2~3天，食物匮乏时，较强壮的幼鸟会将赢弱的幼鸟推出巢穴或杀死。我国分布于东北、华北、西南、华东、华南部分地区；国外分布于亚洲温带和热带地区、非洲东部。

鹰科 Accipitridae
中国保护等级：II级
中国评估等级：易危（VU）
世界自然保护联盟（IUCN）评估等级：濒危（EN）
濒危野生动植物种国际贸易公约（CITES）：附录II

白肩雕
Aquila heliaca

　　全长约80 cm；头顶至后颈淡棕褐色，各羽呈矛状；上体暗褐色；肩羽棕白色，形成显著的翅斑；下体暗褐色，覆腿羽和尾下覆羽纯淡棕黄色；尾羽浓褐色，表面显灰棕褐色，羽端缘淡棕黄色。栖息于阔叶林和针阔叶混交林中。以中、小型兽类和鸟类为食。饱食后常停歇在岩石或地面上。我国繁殖于新疆西北部，迁徙时见于东北部沿海省份，越冬于青海、云南、广西、甘肃、陕西、福建、广东、香港；国外分布于古北界和印度东北部。

鹰科 Accipitridae
中国保护等级：I级
中国评估等级：濒危（EN）
世界自然保护联盟（IUCN）评估等级：易危（VU）
濒危野生动植物种国际贸易公约（CITES）：附录I

金雕
Aquila chrysaetos

　　体长78~102 cm，翼展约230 cm，周身被棕褐色羽毛；头顶黑褐色，后头至后颈羽毛尖长，羽端金黄色；喙粗壮锋利，尖端带钩，适于捕食猎物；飞行时两翼呈"V"形，尾长而圆。生活在草原、荒漠、河谷，特别是高山针叶林中，最高可达海拔4000 m以上。单独或结群在空中翱翔觅食，性凶猛，以鸟类和兽类等为食，能捕雉鸡、野兔等中型脊椎动物。在视野开阔的山体悬崖上突出的岩体、洞穴或高大乔木营巢；如果巢中食物不足，先孵出的幼鸟会啄击甚至吃掉后孵出的幼鸟。我国分布范围较大，包括东北、华北、西北、西南地区，以及东南局部地区；国外分布遍及欧洲、亚洲、北美洲和非洲等一些国家和地区地。

鹰科 Accipitridae
中国保护等级：I级
中国评估等级：易危（VU）
世界自然保护联盟（IUCN）评估等级：无危（LC）
濒危野生动植物种国际贸易公约（CITES）：附录II

白腹隼雕
Aquila fasciata

　　体长约70 cm，上体暗褐色，头顶和后颈棕褐色，颈侧和肩部羽缘白色，翼下覆羽色深，具浅色的前缘，胸部色浅而具深色纵纹；灰色的尾羽较长，有不甚明显的黑褐色波浪形斑和宽阔的黑色亚端斑，飞行时上背具白色块斑；下体白色，沾淡栗褐色。主要栖息于低山丘陵和山地森林中的悬崖和河谷岸边的岩石上，尤其是富有灌丛的荒山和有稀疏树木生长的河谷地带，非繁殖期也常沿着海岸、河谷进入山脚平原、沼泽，甚至半荒漠地区。主要以鼠类和其他中小型鸟类为食，也吃野兔、爬行类和大的昆虫。营巢于河谷岸边的悬崖上或树上。我国分布于云南、贵州、湖北、上海、福建等地，为罕见留鸟；国外分布于非洲北部、欧洲南部、亚洲南部和东南部。

鹰科 Accipitridae
中国保护等级：II级
中国评估等级：易危（VU）
世界自然保护联盟（IUCN）评估等级：无危（LC）
濒危野生动植物种国际贸易公约（CITES）：附录II

凤头鹰
Accipiter trivirgatus

　　体长36~49 cm，头部具有羽冠；雄鸟上体灰褐色，两翼及尾具横斑，下体棕色，胸部具白色纵纹，腹部及大腿白色具近黑色粗横斑，颈白色，有近黑色纵纹至喉，具两道黑色髭纹。常栖息在2000 m以下的山地森林和林缘地带，也出现在竹林地带，偶尔也到村庄附近活动。主要以蛙、蜥蜴、昆虫、鸟和小型哺乳动物等为食。我国主要分布于云南、广西、广东、海南和台湾；国外分布于南亚次大陆、中南半岛和马来群岛。

鹰科 Accipitridae
中国保护等级：II级
中国评估等级：近危（NT）
世界自然保护联盟（IUCN）评估等级：无危（LC）
濒危野生动植物种国际贸易公约（CITES）：附录II

褐耳鹰
Accipiter badius

　　体长33 cm，雄鸟上体浅蓝灰色与黑色的初级飞羽成对比，后颈有一条红褐色的领圈，喉白色并具浅灰色纵纹，胸及腹部棕褐色及白色细横纹；雌鸟似雄鸟，但背褐色，喉灰色。栖息于森林中及有稀疏树木的农田、草地、草原和荒漠地带，常在林中或林缘河流、湖泊等水边地带活动。白天活动，主要以小鸟、蛙、蜥蜴、鼠类和大的昆虫等为食。营巢于大树上，也利用喜鹊和乌鸦的巢。我国主要分布于广东、广西、海南、贵州、云南、新疆；国外分布于亚洲、非洲一些国家和地区。

鹰科 Accipitridae
中国保护等级：II级
中国评估等级：近危（NT）
世界自然保护联盟（IUCN）评估等级：无危（LC）
濒危野生动植物种国际贸易公约（CITES）：附录II

194

赤腹鹰
Accipiter soloensis

　　体长27~28 cm；上体淡蓝灰色，背羽尖略具白色，外侧尾羽具不明显黑色横斑；下体白色，胸及两肋略沾粉色，两肋具浅灰色横纹，翼除初级飞羽羽端黑色外，几乎全白色；雄鸟略小于雌鸟，上体灰色，下腹较白，眼睛红褐色；雌鸟胸部深棕色，眼睛黄色。栖息于山地森林和林缘地带，也见于低山丘陵、山麓平原的小片丛林、农田和村庄附近。常单独或成小群活动。主要以蛙、蜥蜴等动物性食物为食，也吃小型鸟类、鼠类和昆虫。我国南方各地均有分布；国外繁殖于东北亚，冬季南迁至中南半岛和马来群岛越冬。

鹰科 Accipitridae
中国保护等级：II级
中国评估等级：无危（LC）
世界自然保护联盟（IUCN）评估等级：无危（LC）
濒危野生动植物种国际贸易公约（CITES）：附录II

日本松雀鹰
Accipiter gularis

体长23~33 cm，外形和羽色像松雀鹰；但喉部中央的黑纹较细窄，尾上横斑较窄；雄鸟比雌鸟体形小，上体深灰色，尾灰色并有几条深色带斑，胸浅棕色，腹部具细羽干纹，无明显的髭纹；雌鸟上体褐色，下体少棕色但具浓密的褐色横斑。主要栖息于山地针叶林和混交林中，也出现在林缘和疏林地带，是典型的森林猛禽。主要以山雀、莺类等小型鸟类为食，也吃昆虫和蜥蜴。我国繁殖于东北，冬季南迁至北纬32°以南的地区越冬；国外繁殖于古北界东部，越冬于中南半岛和菲律宾。

鹰科 Accipitridae
中国保护等级：II级
中国评估等级：无危（LC）
世界自然保护联盟（IUCN）评估等级：无危（LC）
濒危野生动植物种国际贸易公约（CITES）：附录II

松雀鹰
Accipiter virgatus

  全长约36 cm，头顶至后颈黑褐色，后枕至后颈部的羽基白色；上背至尾上覆羽、翅表面黑褐色；尾羽灰褐色，具4～5道黑褐色带斑；颏和喉白色，具粗而显著的黑褐色中央条纹，并伸达胸部中央；下体满布棕褐色横斑；尾下覆羽白色，稍杂淡褐色点斑。两性相似，但雌鸟体形稍大，体色较深而显著。栖息于山地较为开阔的疏林中，多见单独活动，在高空中飞翔时，两翅频频鼓动，再行滑翔。以小型鸟类和大型昆虫等动物性食物为食。我国分布于黑龙江、吉林、辽宁、西藏、内蒙古、陕西、四川、云南、广西、广东、福建、山西、甘肃、宁夏、北京、浙江、上海、河南、江西、海南；国外分布于印度、菲律宾及中南半岛。

鹰科 Accipitridae
中国保护等级：II级
中国评估等级：无危（LC）
世界自然保护联盟（IUCN）评估等级：无危（LC）
濒危野生动植物种国际贸易公约（CITES）：附录II

雀鹰
Accipiter nisus

　　全长约38 cm；前额、头顶至后颈黑褐色，眉纹淡棕白色，颏、喉白色，散布褐色纤细纵纹；上体余部灰褐色或乌灰色，翼下飞羽和尾下覆羽具暗褐色带斑；下体余部灰白色，满布细密的棕褐色或棕红色波形横斑；雌鸟与雄鸟相似，但体形稍大。栖息于农田、林缘、居民区和稀树灌丛等生境中，常见单独停于树木顶端等突出物上。捕食小鸟和昆虫。在乔木上营巢。我国大多数省份都有分布；国外广泛分布于欧洲、亚洲等一些国家和地区，部分冬季迁至非洲越冬。

鹰科 Accipitridae
中国保护等级：II级
中国评估等级：无危（LC）
世界自然保护联盟（IUCN）评估等级：无危（LC）
濒危野生动植物种国际贸易公约（CITES）：附录II

苍鹰
Accipiter gentilis

　　全长约60 cm；上体青灰色，眉纹白色；下体白色，满布黑褐色波形纤细横纹，尾方形，灰褐色，具4～5道黑褐色横带。亚成鸟体背褐色，腹棕褐色，具深褐色纵纹；两性相似。栖息于针叶林、阔叶林、灌木林、农田等生境中，多单独活动，常在空中做直线滑翔，以小型兽类和鸟类等为食。在林中乔木上营巢。我国繁殖于黑龙江、吉林、辽宁、新疆、西藏、云南、四川及甘肃；冬季南迁至华东和华南沿海省份越冬；国外分布于北美大陆、欧亚大陆温带地区和喜马拉雅山脉。

鹰科 Accipitridae
中国保护等级：II级
中国评估等级：近危（NT）
世界自然保护联盟（IUCN）评估等级：无危（LC）
濒危野生动植物种国际贸易公约（CITES）：附录II

199

白头鹞
Circus aeruginosus

中等体形，体长50~52 cm；雄鸟全身深褐色，头部多皮黄色，头颈部有黑褐色纵斑；下体色淡，翼背面的初级飞羽基部有灰色部分，翼张开时初级飞羽先端的黑色羽十分鲜明；雌鸟背部深褐色，尾无横斑，头顶少深色粗纵纹，腰无浅色。主要食物是鸣禽和水禽，也捕食少量小型啮齿动物以及鱼、蛙、蜥蜴和比较大的昆虫。筑巢在芦苇丛或沼泽地植被多的地面上。我国繁殖于新疆天山，在云南、西藏、四川为夏候鸟；国外繁殖于欧洲、中亚，越冬于非洲、南亚。

鹰科 Accipitridae
中国保护等级：II级
中国评估等级：近危（NT）
世界自然保护联盟（IUCN）评估等级：无危（LC）
濒危野生动植物种国际贸易公约（CITES）：附录II

白腹鹞
Circus spilonotus

　　中等体形，体长约50 cm，头与颈后部杂有白纹，体羽深褐色；头顶、颈背、喉及前翼缘皮黄色，头顶及颈背具深褐色纵纹，尾具横斑，从下边看初级飞羽基部的近白色斑块上具深色粗斑，一些个体头部全皮黄色，胸具皮黄色块斑；雄鸟喉及胸黑色，满布白色纵纹；雌鸟尾上覆羽褐色。白腹鹞分大陆型和日本型，大陆型成年雄鸟头部深色，有纵纹过渡，腹部洁白；雌鸟以及日本型翅下花纹明显。常栖息于沼泽低湿地带的芦苇丛。喜成对活动，有时也三四只集群活动。主要以蛙类、小鸟、蚱蜢、蝼蛄等为食，也盗食其他鸟类的卵和幼雏。繁殖于我国东北地区，冬季南迁至北纬30°以南地区越冬；国外繁殖于韩国、日本，南迁至南亚、东南亚越冬。

鹰科 Accipitridae
中国保护等级：II级
中国评估等级：近危（NT）
世界自然保护联盟（IUCN）评估等级：无危（LC）
濒危野生动植物种国际贸易公约（CITES）：附录II

白尾鹞
Circus cyaneus

　　全长约51 cm；雄鸟体羽蓝灰色，具显眼的白色腰部及黑色翼尖，外侧尾羽白色，杂以灰褐色横斑，尾上覆羽白色；雌性棕褐色，头至后颈和前胸具黑褐色纵纹，尾上覆羽白色，中央尾羽灰褐色。栖息于平原和低山丘陵地带，尤其是平原上的湖泊、沼泽、河谷、草原、荒野以及低山、林间草地和农田。主要以小型鼠类、鸟类和两栖类、爬行类及昆虫等为食。常贴地面低空飞行，滑翔时两翅上举呈"V"形，并且不时抖动。我国繁殖于新疆、河北、黑龙江、吉林、辽宁，迁徙时见于东部和中部地区，越冬于青海东部、西藏东南部及长江以南地区；国外繁殖于全北界，冬季南迁至北非、东南亚越冬。

鹰科 Accipitridae
中国保护等级：II级
中国评估等级：近危（NT）
世界自然保护联盟（IUCN）评估等级：无危（LC）
濒危野生动植物种国际贸易公约（CITES）：附录II

鹊鹞
Circus melanoleucos

体长约42 cm，两翼细长；雄鸟体羽由黑、白、灰色组成，头、喉及胸部黑色无纵纹；雌鸟上体褐色沾灰并具纵纹，腰白色，尾具横斑，下体皮黄色具棕色纵纹，飞羽下具近黑色横斑。栖息于开阔的低山丘陵和山脚平原、草地、河谷、沼泽、林缘灌丛和沼泽草地，有时到农田和村庄附近活动。常单独活动，飞行时两翅上举呈"V"形，慢慢飘浮在空中。主要以小鸟、鼠类、林蛙、蜥蜴、蛇、昆虫等小型动物为食。巢多筑于疏林中灌丛草甸的草墩上或地面上。在我国大部分地区都很常见，在东北地区和内蒙古为夏候鸟，在华北为旅鸟，在云南、四川、江西、河南、海南、贵州、广西为冬候鸟；国外繁殖于俄罗斯、蒙古国和朝鲜，越冬于菲律宾、印度及中南半岛。

鹰科 Accipitridae
中国保护等级：II级
中国评估等级：近危（NT）
世界自然保护联盟（IUCN）评估等级：无危（LC）
濒危野生动植物种国际贸易公约（CITES）：附录II

203

黑鸢

Milvus migrans

体长约60 cm；脸棕色，上体黑褐色，具黑色羽干纹和浅棕褐色羽缘；下体棕褐色，具黑褐色纵纹；初级飞羽基部白色，在翅下形成明显斑块，飞翔时尤为显著；尾长，呈叉状。两性相似。栖息于开阔平原、草地、荒原和低山丘陵地带，也常在城郊、村庄、田野、港湾、湖泊上空活动，偶尔出现在2000 m以上的高山森林和林缘地带。多单独活动。常停留在高大的树木、电线杆、建筑物顶部等突出部位，或在空中盘旋。以昆虫以及小型脊椎动物如蛙、蛇、小鸟、鼠等为食。常捕田间鼠类，对农林业有益。我国各地有留鸟分布，包括台湾、海南岛及青藏高原高至海拔5000 m的适宜栖息生境；国外分布于非洲、亚洲和大洋洲。

鹰科 Accipitridae
中国保护等级：II级
中国评估等级：无危（LC）
世界自然保护联盟（IUCN）评估等级：无危（LC）
濒危野生动植物种国际贸易公约（CITES）：附录II

栗鸢
Haliastur indus

全长约51 cm。头、颈、上背、胸和腹部均为白色，具黑色细纹；其余体羽和翅膀均为栗色；外侧5枚初级飞羽亮黑色；尾端圆形。嘴淡蓝绿色或淡柠檬色，脚暗黄色；两性相似。主要栖息于江河、湖泊、水塘、沼泽、沿海海岸和邻近的城镇与村庄边缘的乔木上。多单独或成对活动，捕食蟹、蛙、鱼等，也吃昆虫、虾和爬行类，偶食小鸟和啮齿类。在大树上营巢，偶筑巢于房屋顶。我国分布于华东、华南和西南地区；国外分布于南亚次大陆、中南半岛、马来群岛和大洋洲。

鹰科 Accipitridae
中国保护等级：II级
中国评估等级：易危（VU）
世界自然保护联盟（IUCN）评估等级：无危（LC）
濒危野生动植物种国际贸易公约（CITES）：附录II

白腹海雕
Haliaeetus leucogaster

　　体长75~85 cm，翼宽且长，尾短；头部、颈部和下体均为白色，背部黑灰色；尾羽呈楔形，褐色，端部白色，飞翔时从下面看，飞羽和尾羽基部及外缘黑色，其余为白色；喙铅灰色，尖端黑色。栖息于海岸及河口地区。捕食鱼类为主，也捕食海蛇、野鸭以及陆地上的蛙、蜥蜴、野兔和蛇。在海岸边的高大乔木或悬崖上营巢，在内陆常营巢于沼泽地带的树上、地面或岩石上，有利用旧巢的习性。国内分布于福建以南沿海地区；国外见于亚洲南部和澳大利亚沿海地区。

鹰科 Accipitridae
中国保护等级：II级
中国评估等级：易危（VU）
世界自然保护联盟（IUCN）评估等级：无危（LC）
濒危野生动植物种国际贸易公约（CITES）：附录II

玉带海雕
Haliaeetus leucoryphus

　　大型猛禽，体长76~84 cm；头部和颈部沙皮黄色，喉部皮黄白色，颈部羽毛较长，呈披针形，嘴铅黑色；上背为褐色，其余上体暗褐色，初级飞羽黑色，下体棕褐色；尾羽圆形、暗褐色，中间具有一条宽阔的白色横带、并因此而得名。栖息于高海拔的河谷、山岳、草原的开阔地带，常在荒漠、草原、高山湖泊及河流附近捕捉猎物，有时亦在渔村和农田上空飞翔。主要捕食鱼和水禽，也吃蛙类、爬行类。在我国分布于新疆、青海、甘肃、内蒙古、黑龙江、西藏、四川；国外分布于亚洲中部和南部。

鹰科 Accipitridae
中国保护等级：I级
中国评估等级：濒危（EN）
世界自然保护联盟（IUCN）评估等级：濒危（EN）
濒危野生动植物种国际贸易公约（CITES）：附录II

白尾海雕
Haliaeetus albicilla

　　全长约85 cm；全身羽毛深棕色，头和颈部色略淡；后颈和胸部羽毛较长，呈披针形；尾部呈楔形且短、纯白色；嘴、脚黄色；雌雄相似，但雌鸟体形较大。栖息于湖泊、水库、江河等附近的开阔草地、沼泽等地，多单独或成对在空中飞行。主要以鱼、鸭等水鸟以及兔、啮齿类等脊椎动物为食。营巢于离水边较近的大树上，偶尔营巢于悬崖岩石上。我国除海南外均有分布，但较罕见；国外见于欧亚大陆亚热带和温带地区。

鹰科 Accipitridae
中国保护等级：I级
中国评估等级：易危（VU）
世界自然保护联盟（IUCN）评估等级：无危（LC）
濒危野生动植物种国际贸易公约（CITES）：附录I

白眼鵟鹰
Butastur teesa

　　体长约41 cm；眼白色，前额和宽阔的眼后纹白色，后颈和喉白色，喉部有黑色中央纹。背部暗褐色，覆羽有白斑点和横斑，飞翔时翅下白色，内侧微具黑色的斑，飞行时翼下银灰褐色与深色的体羽及覆羽成对比，翼上具草黄灰色肩斑，尾羽具有宽黑色亚端斑；嘴尖端黑色，基部和口裂黄色，脚和趾为橙黄色。栖息于山脚平原、林缘灌丛、干旱原野、农田以及村庄附近等开阔地区的树上。主要以小蛇、蛙、蜥蜴、鼠等为食，偶尔也吃小鸟和昆虫。我国见于西藏南部；国外分布于南亚次大陆和中南半岛。

鹰科 Accipitridae
中国评估等级：数据缺乏（DD）
世界自然保护联盟（IUCN）评估等级：无危（LC）
濒危野生动植物种国际贸易公约（CITES）：附录Ⅱ

棕翅鵟鹰
Butastur liventer

　　体长约40 cm；头及颈背褐灰色，上体褐色，具黑色杂斑及纵纹，颏、喉及胸灰色，两翼及尾栗色，两翼长而尖，尾细长，平形；下体色浅，腹部及臀白色。栖息于平原和低山的稀疏松林中。主食小鸟、鼠类、小型两爬动物和大型昆虫，既能在树冠上筑巢又会在地面筑巢。我国分布于云南西南部；国外见于东南亚等地。

鹰科 Accipitridae
中国保护等级：II级
中国评估等级：数据缺乏（DD）
世界自然保护联盟（IUCN）评估等级：无危（LC）
濒危野生动植物种国际贸易公约（CITES）：附录II

灰脸鵟鹰
Butastur indicus

　　体长约45 cm；头侧近黑色，具黑色纵纹，颏及喉白色；上体棕褐色具黑色细纹，下体白色具较密的棕褐色横斑；尾羽暗灰褐色，具三道黑褐色宽阔横斑。栖息于山区森林地带，见于山地林边或空旷田野。飞行轻快，动作敏捷。主要食物有小型啮齿动物、小鸟、蛇类、蜥蜴、蛙类和昆虫等。我国除西北地区和青藏高原以外，各地均有分布；国外繁殖于俄罗斯东部、日本和朝鲜等地，越冬于南亚、东南亚等地。

鹰科 Accipitridae
中国保护等级：II级
中国评估等级：近危（NT）
世界自然保护联盟（IUCN）评估等级：无危（LC）
濒危野生动植物种国际贸易公约（CITES）：附录II

毛脚鵟
Buteo lagopus

　　全长约60 cm；喉和胸白色，上体暗褐色，胸具淡褐色纵纹，腹和两肋暗褐色；羽缘淡褐或近白色，尾羽白色，具宽阔的黑褐色次端斑；被羽一直长到趾的基部。两性相似。栖息于高山暗针叶林林缘、丘陵地带以及农田、荒野等开阔地带，常单独活动，以小型啮齿类为食，也取食鸟类等小型脊椎动物。我国迁徙经过或越冬于新疆西部、黑龙江、吉林、辽宁、山东、陕西、江苏，越冬于云南、福建、广东及台湾；国外分布于全北界适宜地区。

鹰科 Accipitridae
中国保护等级：II级
中国评估等级：近危（NT）
世界自然保护联盟（IUCN）评估等级：无危（LC）
濒危野生动植物种国际贸易公约（CITES）：附录II

212

大鵟
Buteo hemilasius

　　体长约70 cm，有淡色、暗色和中间型等类型，以淡色型较为常见；尾偏白色并常具横斑，腿深色；淡色型具深棕色的翼缘，次级飞羽具清楚的深色条带；暗色型初级飞羽下方的白色斑块小，尾常为褐色，先端灰白色。跗跖的前面通常被有羽毛。栖息于高山林缘、开阔山地草原与荒漠地带，冬季常出现在低山丘陵和农田、芦苇沼泽、村庄甚至城市附近。以啮齿类为主要食物，对草原有重要的保护作用。多在悬崖岩壁和高大的树上营巢，有利用旧巢的习性。我国大多数省份都有分布，东北和西部地区为留鸟，华北、华中和华南地区为旅鸟或冬候鸟；国外分布于中亚、南亚等地。

鹰科 Accipitridae
中国保护等级：II级
中国评估等级：易危（VU）
世界自然保护联盟（IUCN）评估等级：无危（LC）
濒危野生动植物种国际贸易公约（CITES）：附录II

普通鵟
Buteo japonicus

　　中型猛禽，体长50~59 cm，体色有黑色、棕色及中间色型；脸侧皮黄色具红色细纹，栗色髭纹显著；上体暗褐色，下体偏白色具棕色纵纹，两肋及大腿棕色；翱翔时两翅微向上举呈浅"V"形；初级飞羽基部具白色块斑，翼角黑色；尾近端处具黑色横纹；两性相似。栖息于丘陵或平原开阔地带及附近树林中。以森林鼠类为食，也吃蛙、蜥蜴、蛇、野兔、小鸟和大型昆虫等，有时亦到村庄捕食鸡等家禽。常营巢于林缘地带或森林中高大的树上，有时侵占乌鸦的巢。我国繁殖于东北地区，冬季南迁至西藏东南部以及北纬32°以南地区越冬；国外繁殖于俄罗斯东南部、韩国、日本等地，在喜马拉雅山脉和中南半岛越冬。

鹰科 Accipitridae
中国保护等级：II级
中国评估等级：无危（LC）
世界自然保护联盟（IUCN）评估等级：无危（LC）
濒危野生动植物种国际贸易公约（CITES）：附录II

棕尾鵟
Buteo rufinus

　　体长约64 cm，头和胸色浅，近腹部变成深色，有几种色型，从米黄色至棕色至极深色。黑色型的飞羽及尾羽有深色横斑，翼及尾长，尾上羽呈浅锈色至橘黄色而无横斑；棕色型翼下翼角处具黑色大块斑。为喜欢干燥环境的荒原猛禽，栖息于海拔2000~4000 m的高原地区荒漠、半荒漠、草原、无树平原和山地平原，冬季也到农田地区活动。在空中翱翔时两翅上举呈"V"形。主要以野兔、啮齿动物、蛙、蜥蜴、蛇、雉鸡和其他鸟类与鸟卵等为食，有时也吃鱼和其他动物的尸体。营巢于悬崖峭壁间的岩石上或树上。我国见于新疆、甘肃、云南、西藏；国外分布于东欧、中亚、西亚、南亚和北非。

鹰科 Accipitridae
中国保护等级：II级
中国评估等级：近危（NT）
世界自然保护联盟（IUCN）评估等级：无危（LC）
濒危野生动植物种国际贸易公约（CITES）：附录II

鹤形目
GRUIFORMES

花田鸡
Coturnicops exquisitus

　　体长12~14 cm。上体褐色或橄榄褐色，具黑色纵纹和细窄的白色横斑。前额、眉、头侧和后颈上部色淡，具细小的白色斑点，喉部白色；两肋和尾下覆羽具褐色和白色的横斑；尾短，嘴深褐色，下嘴基部黄绿色，脚肉褐色或黄褐色。栖息于湿地、沼泽地带、稻田、溪流、苇塘附近的草丛与灌丛中。主要以水生昆虫等小型无脊椎动物和水藻为食。大多在黎明和傍晚活动。营巢于近水的草丛中。我国繁殖于内蒙古东北部和东北地区，越冬于福建和广东等地，迁徙时经过全国多个省份；国外繁殖于俄罗斯东部，越冬于朝鲜、韩国、日本和蒙古国。

秧鸡科 Rallidae
中国保护等级：II级
中国评估等级：易危（VU）
世界自然保护联盟（IUCN）评估等级：易危（VU）

218

灰胸秧鸡
Lewinia striata

　　体长约29 cm；头顶栗色，颏白色，胸及背灰色，两翼及尾具白色细纹，两肋及尾下具较粗的黑白色横斑。见于红树林、沼泽、稻田、草地。性隐蔽并为半夜行性，常单独活动。以小型水生动物如虾、蟹、螺以及昆虫等为食。我国分布于华南及西南地区；国外分布于南亚和东南亚。

秧鸡科 Rallidae
中国评估等级：无危（LC）
世界自然保护联盟（IUCN）评估等级：无危（LC）

普通秧鸡
Rallus indicus

　　体长约29 cm；头顶褐色，脸灰色，眉纹浅灰色，眼线深灰色；颏白色、颈及胸灰色，上体多黑色纵纹，两胁具黑白两色横斑。栖息于河湖岸边与沼泽湿地、草地、森林和灌丛等，性胆怯。以昆虫、小鱼、甲壳类、软体动物等为食。我国在东北、华北、西北及西南地区为夏候鸟或留鸟，在东南部为冬候鸟；国外见于古北界，迁徙至东南亚越冬。

秧鸡科 Rallidae
中国评估等级：无危（LC）
世界自然保护联盟（IUCN）评估等级：无危（LC）

白眉苦恶鸟
Amaurornis cinerea

　　体长约20 cm，嘴短，头部斑纹明显，黑色贯眼纹的上下均有白色条纹。头顶、背及上体暗褐色，头侧及胸灰色，腹偏白色，两肋及尾下黄褐色。性胆怯。喜漫水草地、沼泽及稻田。通常成对活动。我国四川、广西、云南、香港、台湾都为迷鸟记录；国外分布于东南亚南部及大洋洲北部。

秧鸡科 Rallidae
中国评估等级：数据缺乏（DD）
世界自然保护联盟（IUCN）评估等级：无危（LC）

白胸苦恶鸟
Amaurornis phoenicurus

　　体长约33 cm；头顶及上体深青色，脸、额、胸及上腹部白色，下腹及尾下棕色；嘴黄绿色，基部红色，脚黄绿色。栖息于有芦苇或杂草的沼泽地和有灌木的高草丛、竹丛、水稻田中，以及河流、湖泊、灌渠和池塘边。一般成对活动、性机警、隐蔽。杂食性，取食昆虫及其幼虫、蜗牛、螺、鼠、蜘蛛、小鱼等动物性食物，也吃草籽和水生植物的嫩茎和根。营巢于水边或近水岸边草丛或灌木丛中。我国主要分布于西南、华南地区以及南海诸岛，偶见于山东、山西及河北；国外分布于亚洲南部和大洋洲。

秧鸡科 Rallidae
中国评估等级：无危（LC）
世界自然保护联盟（IUCN）评估等级：无危（LC）

小田鸡
Zapornia pusilla

体长约18 cm；嘴短，背部具白色纵纹，两胁及尾下具白色细横纹。雄鸟头顶及上体红褐色，具黑白两色纵纹，胸及脸灰色；雌鸟色暗，耳羽褐色。栖息于水域附近的沼泽、苇荡、蒲丛和稻田中。杂食性，取食水生昆虫，也吃其他小型无脊椎动物、小鱼及植物种子。在我国繁殖于黑龙江、吉林、辽宁、内蒙古、河北、陕西、河南及新疆，迁徙时经我国东部多数地区，在华南及其以南地区越冬；国外繁殖于北非和欧亚大陆，南迁至印度尼西亚、菲律宾及澳大利亚越冬。

秧鸡科 Rallidae
中国评估等级：无危（LC）
世界自然保护联盟（IUCN）评估等级：无危（LC）

红胸田鸡
Zapornia fusca

　　体长约20 cm；头后顶及上体褐色，头侧及胸深棕红色，颏、喉白色，腹部及尾下近黑并具白色细横纹；脚红色。栖息于沼泽、湖滨、河岸、水塘、水稻田等地。主要以水生昆虫、软体动物和水生植物的叶、芽、种子为食。我国广泛分布于华北、华东、华中、华南和西南地区；国外分布于南亚、东南亚。

秧鸡科 Rallidae
中国评估等级：近危（NT）
世界自然保护联盟（IUCN）评估等级：无危（LC）

斑胁田鸡
Zapornia paykullii

　　体长约22 cm，嘴短，腿红色；头顶及上体深褐色，颏白，枕及颈深色，头侧及胸栗色，两胁及尾下近黑有白色细横纹，覆羽有白色细横斑。栖息于海拔800 m以下的低山丘陵和草原地带的湖泊、溪流、水塘岸边及其附近的沼泽与草地上，迁徙季节也见于农田附近。单独或成小群活动，主要在晚上和晨昏活动。主要以昆虫为食，也吃蜗牛、软体动物及植物果实与种子。我国繁殖于东北和华北，迁徙途经华中、华东、华南和西南，越冬于广西和云南；国外繁殖于东北亚地区，冬季南迁至越南、泰国、马来西亚、印度尼西亚越冬。

秧鸡科 Rallidae
中国评估等级：易危（VU）
世界自然保护联盟（IUCN）评估等级：近危（NT）

棕背田鸡
Zapornia bicolor

　　体长约22 cm；头颈和下体深烟灰色，颏白色，头顶和枕部颜色较暗，头侧颜色较淡；上体自额后端至尾部，包括两翼的表面、内侧飞羽均为棕橄榄色，胸部及腹部中央呈暗灰色，有暗橄榄褐色的横斑；尾上覆羽缀有白斑，飞羽为黑褐色；脚和趾为暗红色或砖红色。栖息于低山丘陵和林缘地带的水稻田、溪流、沼泽、草地、苇塘及其附近草丛与灌丛中。主要以水生昆虫和其他小型无脊椎动物为食。营巢于水域岸边草丛、灌木丛或稻田附近的地面上。我国分布于西藏、四川、重庆、云南、贵州；国外分布于印度、缅甸、越南、尼泊尔和老挝。

秧鸡科 Rallidae
中国保护等级：II级
中国评估等级：无危（LC）
世界自然保护联盟（IUCN）评估等级：无危（LC）

226

红脚田鸡
Zapornia akool

　　体长约28 cm，色暗而腿红；嘴基黄色，嘴尖黑色，上体橄榄褐色，脸及胸青灰色，腹部及尾下褐色，体羽无横斑。常见于山区稻田。性羞怯，多在黄昏活动。繁殖在多芦苇或多草的沼泽。我国分布于西至云南东部，北至江苏南部的东南地区；国外分布于巴基斯坦、印度、尼泊尔、缅甸和越南。

秧鸡科 Rallidae
中国评估等级：无危（LC）
世界自然保护联盟（IUCN）评估等级：无危（LC）

紫水鸡
Porphyrio porphyrio

　　体长45~50 cm，通体蓝色或紫蓝色，颜色鲜艳；头灰褐色沾蓝，额甲鲜红色，鲜红色的嘴膨大而粗短；暗红色的脚和趾均较长；活动时尾部频频上摇，露出白色的尾下覆羽。栖息于湖泊、河流、池塘、水坝、漫滩或沼泽中，也见于城镇湖泊、河流绿洲及其附近。主要以水生和半水生植物为食，也食用小型无脊椎动物和鱼、小型鸟类和蜥蜴等。筑巢于水生植物密生的倒伏芦苇、土丘及水草堆上。我国见于云南、四川、贵州、湖北、广东、福建、海南和广西；国外分布于欧洲南部、亚洲南部、非洲和大洋洲。

秧鸡科 Rallidae
中国评估等级：易危（VU）
世界自然保护联盟（IUCN）评估等级：无危（LC）

黑水鸡
Gallinula chloropus

全长约33 cm；全身呈现青黑色，下背和两翅橄榄褐色；下腹有一块大的白斑；两胁具宽阔的白色纵纹，尾下覆羽两侧白色，中央黑色；嘴端浅黄绿色，嘴基部和额甲鲜红橙色。两性相似。栖息于湖泊、池塘等水域附近的灌丛、草丛中，常成对或单独活动。善于游泳和潜水。以水生昆虫、蠕虫、水草、植物嫩芽和嫩叶为食。我国见于全国各地，在长江以南地区为留鸟；国外除大洋洲外，几乎遍及全世界。

秧鸡科 Rallidae
中国评估等级：无危（LC）
世界自然保护联盟（IUCN）评估等级：无危（LC）

白骨顶
Fulica atra

　　体长约40 cm，全身黑色，仅嘴和额甲为白色，次级飞羽具白色羽缘，飞行时可见，趾具瓣蹼。栖息于低山、丘陵和平原草地，甚至荒漠与半荒漠地带的各类水域中，在富有芦苇、三棱草等挺水植物的湖泊、水库、水塘、苇塘、水渠、河湾和深水沼泽地带最常见。除繁殖期外，常成群活动，特别是迁徙季节。善游泳和潜水，主要吃小鱼、虾、水生昆虫，也吃水生植物嫩叶、幼芽、果实及藻类。营巢于开阔水面的水边芦苇丛和水草丛中。我国见于全国各地，在长江以南地区为冬候鸟；国外分布于欧洲和亚洲的温带和热带地区、非洲北部、大洋洲。

秧鸡科 Rallidae
中国评估等级：无危（LC）
世界自然保护联盟（IUCN）评估等级：无危（LC）

赤颈鹤
Grus antigone

　　体长150~170 cm，体羽主要呈浅灰色；头、喉和上颈部裸露无羽、鲜红色，嘴灰色，基部有一块灰白色斑；初级飞羽和初级覆羽黑色，内侧飞羽较白，覆盖于淡灰色的尾羽上；飞行时会伸直长颈，可以看到黑色的翼端，红色或粉红色的脚则伸在其后。栖息于开阔平原草地、沼泽、湖边浅滩和林缘灌丛沼泽地带，有时也出现在农田。常单独或成家族群活动，冬季有时集成大群。主要以鱼、蛙、虾、蜥蜴、谷粒和水生植物为食。营巢于有稀疏树木或灌丛的开阔平原草地和沼泽成团的植物丛中，巢材为枯枝和草。我国曾分布于云南西部和南部，可能已区域性灭绝；国外分布于印度、缅甸、泰国、马来西亚、新加坡。

鹤科 Gruidae
中国保护等级：I级
中国评估等级：区域灭绝（RE）
世界自然保护联盟（IUCN）评估等级：易危（VU）
濒危野生动植物种国际贸易公约（CITES）：附录II

231

蓑羽鹤
Anthropoides virgo

　　体长约105 cm，是世界现存15种鹤中体形最小的，全身蓝灰色；头顶白色，白色丝状的耳羽簇蓬松且长，状似披发，故得其名；前颈黑色羽较长，悬垂于胸部；三级飞羽长但不浓密，大覆羽和初级飞羽灰黑色。栖息于开阔平原草地、沼泽、苇塘、湖泊、河谷等生境中，有时也到农田活动。以水生植物和昆虫为食，也兼食鱼、蝌蚪、虾等。除繁殖期成对活动外，多成家族群或小群活动。卵直接产在长着稀疏苇草的地上。我国繁殖于新疆、宁夏、内蒙古、黑龙江、吉林，迁徙时见于河北、青海、河南、山西等省，可飞越喜马拉雅山脉，越冬于西藏南部、云南西北部；国外分布于欧洲东部、中亚、南亚和非洲东北部。

鹤科 Gruidae
中国保护等级：II级
中国评估等级：无危（LC）
世界自然保护联盟（IUCN）评估等级：无危（LC）
濒危野生动植物种国际贸易公约（CITES）：附录II

丹顶鹤
Grus japonensis

　　体长120~160 cm，雌雄相似，全身整体呈白色，因头顶裸露并呈朱红色而得名；额、眼先、颊、喉和颈侧黑色，自耳羽有宽白色带延伸至颈背；次级飞羽和长而下悬的三级飞羽黑色并覆盖于尾上；嘴灰绿色，尖端黄色，脚黑色。主要栖息于芦苇沼泽、湖泊、河岸地带及农田。成对或结小群，迁徙时集大群。主要取食植物、鱼、水生昆虫及软体动物。我国繁殖于三江平原、松嫩平原和内蒙古东北部的湖泊、河流和沼泽湿地，在江苏、江西、云南等地越冬；国外分布于日本、韩国、朝鲜、蒙古国、俄罗斯。

鹤科 Gruidae
中国保护等级：I级
中国评估等级：濒危（EN）
世界自然保护联盟（IUCN）评估等级：易危（VU）
濒危野生动植物种国际贸易公约（CITES）：附录I

灰鹤
Grus grus

　　大型涉禽，全长约120 cm，通体灰色，颈及腿长；头顶裸露，皮肤红色、头、喉及上颈黑色，有一白色宽条纹从眼后一直延伸至颈侧，在后颈相连；初级飞羽和次级飞羽黑色，三级飞羽先端亦黑，尾灰色；嘴青灰色，嘴端黄、脚黑色。栖息于开阔平原、草地、沼泽、河滩、旷野、湖泊以及农田地带，尤其是富有水边植物的开阔湖泊和沼泽地带。多集群活动。以植食性为主，兼食小型无脊椎动物和蜥蜴、鱼等。在我国繁殖于新疆天山、东北西北部，迁徙期间可见于多地，越冬于长江中下游地区及西南、华南地区；国外繁殖于欧亚大陆北部，越冬于非洲北部、南亚北部和中东地区。

鹤科 Gruidae
中国保护等级：II级
中国评估等级：近危（NT）
世界自然保护联盟（IUCN）评估等级：无危（LC）
濒危野生动植物种国际贸易公约（CITES）：附录II

白头鹤
Grus monacha

　　体长90~100 cm，除头部和颈为白色外，其余各部羽毛均为灰色；眼先至额部黑色，头顶上的皮肤裸露无羽毛呈鲜红色；嘴黄绿色，腿和爪灰黑色；雌雄相似，雌鹤较小。主要栖息于河口、湖泊、沼泽湿地及农田，以鱼类、甲壳类、多足类、软体动物、昆虫以及小麦、莎草科植物等为食。我国繁殖于黑龙江，越冬于长江中下游地区，迁徙鸟和迷鸟见于多地；国外主要繁殖于俄罗斯、蒙古国，越冬地主要在日本、韩国、朝鲜。

鹤科 Gruidae
中国保护等级：I级
中国评估等级：濒危（EN）
世界自然保护联盟（IUCN）评估等级：易危（VU）
濒危野生动植物种国际贸易公约（CITES）：附录I

黑颈鹤
Grus nigricollis

　　大型涉禽，体长110~130 cm，颈与脚均较长；头、枕、喉和颈均黑色，眼先和头顶裸露的皮肤呈红色，飞羽和尾羽均黑色，其余体羽白色；脚黑色；雌雄相似。生活于高原的鹤类，栖息于海拔2500~5000 m的高原沼泽地、湖泊及河滩等湿地环境。喜食植物叶、根茎、块茎、水藻、玉米等，也吃昆虫、蛙、小鱼及蚌类等动物性食物。营巢于水环绕的草墩上或茂密的芦苇丛中。在我国西藏、青海、甘肃和四川北部繁殖，越冬于西藏、贵州、云南；国外分布于不丹、印度和越南。

鹤科 Gruidae
中国保护等级：I级
中国评估等级：易危（VU）
世界自然保护联盟（IUCN）评估等级：易危（VU）
濒危野生动植物种国际贸易公约（CITES）：附录I

236

鸻形目
CHARADRIIFORMES

大石鸻
Esacus recurvirostris

　　体长约52 cm，头大，嘴粗厚；眼大呈黄色，眼上下各有一道白色粗纹，眼后纹宽大呈黑色，前额、下颏和喉部白色，鹗纹黑色如八字胡；上体灰褐色，翼上具黑白色粗横纹，飞行时初级飞羽及次级飞羽黑色并具白色粗斑纹；下体白色。主要栖息于海滨或大型河流的沙滩、岩礁和砾石带。通常单独或成对活动、偶尔集成小群，以夜间和黄昏活动为主。主要以小型甲壳类和软体动物等海洋无脊椎动物为食。常营巢于沙石地上或沙滩上。我国罕见于海南和云南；国外分布于南亚和东南亚。

石鸻科 Burhinidae
中国评估等级：无危（LC）
世界自然保护联盟（IUCN）评估等级：近危（NT）

蛎鹬
Haematopus ostralegus

　　体长约44 cm，体羽为黑白两色，喙红色且长直而强大，腿红色，飞行缓慢且翅振翼幅度大。沿岩石型海滩取食，取食软体动物或蚯蚓，能用錾形嘴粉碎或撬开软体动物如蚌的壳。成小群活动。我国繁殖于辽宁、山东、河北、新疆，越冬于华南和东南沿海地区及台湾，迷鸟见于西藏西部；国外繁殖于欧洲和亚洲北部，在非洲和西亚、南亚沿海地区越冬。

蛎鹬科 Haematopodidae
中国评估等级：无危（LC）
世界自然保护联盟（IUCN）评估等级：近危（NT）

鹮嘴鹬
Ibidorhyncha struthersii

体长约40 cm；嘴红色至紫色，细长且下弯；一道黑白色的横带将灰色上胸与白色下腹部隔开；翼下白色，中心具大片白色斑；脚红色；冬羽和夏羽相似。栖息于山地、高原和丘陵地区的溪流和多砾石的河流沿岸。主食蠕虫、蜈蚣、昆虫及其幼虫，也吃小鱼、虾、软体动物。常营巢于河岸边砾石间或山区溪流的小岛上。我国见于新疆、西藏、青海、甘肃、内蒙古、宁夏、河北、辽宁、河南、山西、陕西、四川、云南等省；国外分布于中亚等地区。

鹮嘴鹬科 Ibidorhynchidae
中国评估等级：近危（NT）
世界自然保护联盟（IUCN）评估等级：无危（LC）

黑翅长脚鹬
Himantopus himantopus

  体长约37 cm，身材高挑修长，体羽黑、白两色；嘴细长黑色，两翼黑，腿细长呈红色。雄鸟夏季头顶、颈、背和两翅均呈黑色；雌鸟相似，但头顶至后颈多呈白色。栖息于开阔平原草地中的湖泊、浅水塘、沼泽、河流浅滩、水稻田等。主要以小型无脊椎动物以及小鱼和蝌蚪等动物性食物为食。我国在新疆西部、青海东部及内蒙古西北部繁殖，越冬于台湾、广东及香港等地，全国多地有过境记录；除两极地以外的世界其他地区均可见。

反嘴鹬科 Recurvirostridae
中国评估等级：无危（LC）
世界自然保护联盟（IUCN）评估等级：无危（LC）

反嘴鹬
Recurvirostra avosetta

体长42~45 cm；除头顶、翼上横纹及肩部带斑呈黑色以外，全身羽毛均为白色，飞行时从下面看仅翼尖黑色；嘴黑色，细长且上翘；脚细长蓝色。生活在湖泊、沼泽、池塘、河口及海岸等湿地。主要以小型甲壳类、水生昆虫和软体动物等小型无脊椎动物为食。迁徙时常集成大群，营巢于湖泊岸边。我国繁殖于新疆、青海、内蒙古，越冬于东南沿海地区及西藏南部、云南南部，还有一些地区有过境记录；国外分布于欧洲、非洲、亚洲等一些国家和地区。

反嘴鹬科 Recurvirostridae
中国评估等级：无危（LC）
世界自然保护联盟（IUCN）评估等级：无危（LC）

凤头麦鸡
Vanellus vanellus

体长约32 cm，头顶黑色，后枕具显著的反翻型羽冠；上体翠绿色，闪金属光彩，飞羽黑色，尾羽基部有宽大白斑和黑色次端斑；下体白色，胸部具一黑色环带，尾上和尾下覆羽棕栗色；嘴黑色，腿橙栗褐色或暗红色。栖息于丘陵、草原地带的湖泊、水塘、沼泽、溪流和农田地带。常成群活动，冬季常集成数十至数百只的大群。食物主要以昆虫、软体动物、杂草种子等为主。多营巢于草地或沼泽草甸边的盐碱地上。我国繁殖于北方大部分地区，越冬于北纬32°以南地区；国外繁殖于欧亚大陆北部，冬季南迁至南亚、东南亚北部越冬。

鸻科 Charadriidae
中国评估等级：无危（LC）
世界自然保护联盟（IUCN）评估等级：近危（NT）

245

距翅麦鸡
Vanellus duvaucelii

　　体长约30 cm；喉黑，黑色的头顶具细长凤头，头侧、背及胸部灰褐色；腹部、腰及尾下白色，初级飞羽和尾黑色，腹中心有黑色斑块。栖息于平原和山脚地带的河边沙滩、沙石河岸以及邻近的农田地区。以水生昆虫、蝗虫、螺、虾、昆虫幼虫、蠕虫、甲壳类和软体动物为食。我国分布于西藏东、云南和海南；国外分布于南亚次大陆北部和中南半岛。

鸻科 Charadriidae
中国评估等级：近危（NT）
世界自然保护联盟（IUCN）评估等级：近危（NT）

灰头麦鸡
Vanellus cinereus

    体长约35 cm；头、颈、胸灰色，颏、喉白色；背褐色，翼尖、胸带及尾部横斑黑色，翼后余部、腰、尾及腹部白色。栖息于平原草地、沼泽、湖畔、河边、水塘以及农田地带。以蚯蚓、昆虫、螺类等为食。我国繁殖于东北，冬季南迁至华南和西南越冬，途经华北和华东；国外分布于印度、不丹、尼泊尔、孟加拉国、日本、韩国、朝鲜、俄罗斯等地。

鸻科 Charadriidae
中国评估等级：无危（LC）
世界自然保护联盟（IUCN）评估等级：无危（LC）

肉垂麦鸡
Vanellus indicus

　　体长约32 cm；头、颈和胸黑色，眼先具鲜艳的红色肉垂，眼后有长椭圆形白斑；上体浅褐色，下体白色；翼尖、尾后缘及尾次端斑黑色。活动于河滩、耕地、草地。食物主要为昆虫及水生动物等。我国分布于云南、贵州、广西、广东南部、海南等地；国外分布于西亚、南亚和东南亚北部。

鸻科 Charadriidae
中国评估等级：数据缺乏（DD）
世界自然保护联盟（IUCN）评估等级：无危（LC）

金鸻
Pluvialis fulva

　　体长约25 cm，头大，嘴短厚；繁殖季脸、喉、胸及腹部均为黑色，脸周及胸侧白色，整个上体呈黑色与金黄色斑混杂状，体侧有一条白带自前额始，经眉、颈侧而与胸侧大型白斑相连；非繁殖季羽金棕色，过眼线、脸侧及下体均色浅。栖息于海滨滩涂、沙滩、湖泊、河流、水塘岸边及其附近沼泽、草地、农田和耕地上。单独或成群活动。主要以昆虫、软体动物和甲壳动物为食。我国越冬于云南、广西、广东、福建、海南、香港、台湾，迁徙期间可见于我国全境多地；国外繁殖于俄罗斯等地，越冬在非洲东部、亚洲南部和大洋洲。

鸻科 Charadriidae
中国评估等级：无危（LC）
世界自然保护联盟（IUCN）评估等级：无危（LC）

249

灰鸻
Pluvialis squatarola

　　体长约28 cm，头及嘴较大，嘴短厚；冬季上体灰褐色，下体近白色，飞行时翼纹和腰部偏白，黑色的腋羽于白色的下翼基部呈黑色块斑；夏季雄鸟上体银灰色，下体黑色，尾下白色。主要栖息于沿海海滨、沙洲、河口、江河与湖泊沿岸，也出现于沼泽、水塘、草地、水稻田和农田地带。主要以水生昆虫、虾、螺、蟹等甲壳类和软体动物为食。迁徙途经我国东北、华东及华中，冬季在我国东部和南部沿海地区越冬；国外繁殖于全北界北部，越冬于热带及亚热带沿海地带。

鸻科 Charadriidae
中国评估等级：无危（LC）
世界自然保护联盟（IUCN）评估等级：无危（LC）

剑鸻
Charadrius hiaticula

　　体长约19 cm；嘴橙红色，尖端黑色，前额白色，后有一条黑带，过眼纹黑色，眼后上方有白色斑，喉白色，与颈部白色颈圈相连，后接黑色颈圈；上体沙褐色，翅具白斑，腿橘黄色。栖息于沿海海岸、河口沙洲、内陆河流、湖泊岸边、农田附近沼泽和草地上。主要以蠕虫、甲壳类、软体动物等各种小型无脊椎动物为食。我国多地有迷鸟记录；国外繁殖于欧亚大陆北部地区和格陵兰岛，冬季南迁至西亚和非洲越冬。

鸻科 Charadriidae
中国评估等级：无危（LC）
世界自然保护联盟（IUCN）评估等级：无危（LC）

长嘴剑鸻
Charadrius placidus

　　体长约22 cm，略长的嘴黑色，额部下白上黑；繁殖期上体灰褐色，下体白色；具黑色的前顶横纹和全胸带，但贯眼纹灰褐色而非黑色，翼上横纹白色，不明显。栖息于河流、湖泊、海岸、河口、水塘、水库岸边和沙滩上，也现于水稻田和沼泽地带。单独或成小群活动。主要以昆虫为食，也吃蚯蚓、螺、蜘蛛等其他小型无脊椎动物和植物的嫩芽和种子。营巢于海岸、湖泊、河流等水域岸边沙石地或河漫滩上。我国繁殖于东北、华中及华东，在北纬32°以南沿海、河流及湖泊越冬；国外繁殖于东北亚地区，越冬于喜马拉雅山脉东部地区、中南半岛北部和东部。

鸻科 Charadriidae
中国评估等级：近危（NT）
世界自然保护联盟（IUCN）评估等级：无危（LC）

252

金眶鸻
Charadrius dubius

　　体长约16 cm；嘴短直呈黑色，头顶前部具一黑色宽斑，眼眶金黄色，前额、眉纹和后颈白色；上体余部沙褐色；下体白色，具一黑色领环；脚黄色。常栖息于湖泊沿岸、河滩或水稻田边。多单个或成对活动。食物主要为昆虫等小型水生无脊椎动物和植物种子。我国各地均有分布；国外分布于欧洲、亚洲和非洲中部以北地区。

鸻科 Charadriidae
中国评估等级：无危（LC）
世界自然保护联盟（IUCN）评估等级：无危（LC）

环颈鸻
Charadrius alexandrinus

　　体长约17 cm；头顶前部黑色，后部和贯眼纹灰褐色，嘴黑色，额及眉纹白色；因后颈基部到前颈有白色领圈而得名；上体淡褐，胸侧各具一褐色块斑；下体白色；脚灰黑色。栖息于海滨沙滩、河流、湖泊、池塘和水稻田等湿地边缘的浅滩、沼泽、草地等生境中。多单只或结小群活动。主要以软体动物、昆虫、蠕虫为食，也取食植物种子等。我国分布于西北、华北、华东和华南地区；国外分布于欧亚大陆南部、非洲北部。

鸻科 Charadriidae
中国评估等级：无危（LC）
世界自然保护联盟（IUCN）评估等级：无危（LC）

蒙古沙鸻
Charadrius mongolus

　　体长约20 cm；嘴黑色而粗短，颊和喉白色，颊具黑色斑
纹，额黑色；上体灰褐色，颈和胸具赤色宽横纹。国内繁殖于
新疆、西藏、青海、宁夏、甘肃，在东部地区为旅鸟，少量在
南部沿海和台湾越冬；国外繁殖于中亚和东北亚，南移至非洲
沿海、亚洲南部、大洋洲越冬。

鸻科 Charadriidae
中国评估等级：无危（LC）
世界自然保护联盟（IUCN）评估等级：无危（LC）

铁嘴沙鸻
Charadrius leschenaultia

    体长约23 cm；嘴短，前额白色，脸具黑色斑纹，胸具棕色横纹。雄鸟眼先和前头上方黑色并向后延伸至头侧，胸带棕栗色。雌鸟头部缺少黑色，胸部棕栗色较淡，胸带有时不完整。主要以昆虫、小型甲壳类和软体动物为食。国内繁殖于新疆、内蒙古，迁徙途经全国各地，少量在台湾、广东及香港越冬；国外繁殖于中东、中亚，在非洲沿海、亚洲南部及大洋洲越冬。

鸻科 Charadriidae
中国评估等级：无危（LC）
世界自然保护联盟（IUCN）评估等级：无危（LC）

东方鸻
Charadrius veredus

　　体长约24 cm，嘴短，腿黄色或近粉，头部沾白色，飞行时翼下包括腋羽为浅褐色；雄鸟冬羽棕色的胸带较宽，脸色偏白，上体褐色，无翼上横纹；雄鸟夏羽胸橙黄色，具黑色下边，脸无黑色纹。栖息于干旱平原、山脚岩石荒地、盐碱沼泽、草地和淡水湖泊与河流岸边。常单独或成小群活动，迁徙期间常集成大群。主要以昆虫为食。我国繁殖于内蒙古东北部，冬季在我国沿海地区越冬；国外繁殖于蒙古国及其北部接壤的俄罗斯边境地区，越冬于亚洲南部和大洋洲北部的沿海地区。

鸻科 Charadriidae
中国评估等级：无危（LC）
世界自然保护联盟（IUCN）评估等级：无危（LC）

彩鹬
Rostratula benghalensis

　　全长约25 cm。与通常情况相反，彩鹬雌鸟比雄鸟更加鲜艳，更加高大，头及胸深栗色，顶纹黄色，颈、喉栗红色，眼圈及眼后纹白色，背及两翼偏绿色，背上具白色的"V"形纹并有白色条带绕肩至白色下体；雄鸟体形较小而色暗，头顶中央具黄色冠纹，眼斑黄色，覆羽具淡黄色眼镜斑。栖息于平原、丘陵和山地中的芦苇水塘、沼泽、河渠、河滩草地和水稻田中。能快速奔跑，也能游泳和潜水。以各种小型无脊椎动物和植物性食物为食。我国分布于华北、华东、华中、华南和西南地区。国外分布于南亚、东南亚、非洲中部以南。

彩鹬科 Rostratulidae
中国评估等级：无危（LC）
世界自然保护联盟（IUCN）评估等级：无危（LC）

水雉
Hydrophasianus chirurgus

　　体长约33 cm；夏季头部及颏、喉和上胸白色，后枕具黑色块斑，后颈至肩金黄色；背和肩羽黑褐色，闪紫色光泽，腰、下体以及特别长的尾羽黑色，翅白色。冬季具黑色过眼纹，背部和翅褐色，尾不延长，下体白色，具黑褐色胸环。栖息于水草茂密的湖泊边缘地带、沼泽地或池塘，可在漂浮的莲叶或其他水生植物上行走和奔跑，也善游泳和潜水。以昆虫、虾、软体动物、甲壳类等小型无脊椎动物和水生植物为食。在我国分布于云南、四川、广西、广东、福建、浙江等省，有时也见于山西、河南、河北等省；国外分布于南亚和东南亚。

水雉科 Jacanidae
中国评估等级：近危（NT）
世界自然保护联盟（IUCN）评估等级：无危（LC）

孤沙锥
Gallinago solitaria

　　体长约30 cm；体羽暗色，头灰白色，头顶具明显纵向斑带，眉纹和颊黄白色，贯眼纹和颊纹黑褐色；上体及胸部黄褐色，具红褐色蠕虫状斑纹，背、肩有4条白色纵带，尾羽栗色；腹部和尾下覆羽灰白色，有暗色横纹，飞行时脚藏于尾后而不伸出。栖于山溪岸边、湿地及林间沼泽地。常独自活动。以蠕虫、昆虫、甲壳类、植物为食。我国繁殖于西北和东北地区，越冬于华东、华南和西南地区；国外分布于中亚东部、南亚北部和东亚。

鹬科 Scolopacidae
中国评估等级：无危（LC）
世界自然保护联盟（IUCN）评估等级：无危（LC）

扇尾沙锥
Gallinago gallinago

　　体长约26 cm；嘴长，脸皮黄色，眼部上下纹及贯眼纹色深；上体深褐色，上背有两条浅棕色的条纹，肩羽边缘浅色，两翼细而尖；下体淡皮黄色而密布褐色纵纹，腹部白色，外侧尾羽锈红色。主要栖息于冻原和开阔平原上的湖泊、河流、芦苇塘和沼泽地带，也出现于林间沼泽、水田、鱼塘等生境。主要以昆虫、蜘蛛、蚯蚓和软体动物为食，偶尔也吃小鱼和杂草种子。我国繁殖于东北和西北北部地区，越冬于南方地区；国外分布于欧亚大陆、非洲中部和北部。

鹬科 Scolopacidae
中国评估等级：无危（LC）
世界自然保护联盟（IUCN）评估等级：无危（LC）

针尾沙锥
Gallinago stenura

  体长约24 cm；头部灰棕色，有浅赭色中间条纹，眼线眼前细窄，眼后难辨，嘴相对短而钝；上体淡褐色，具白、黄及黑色的纵纹及蠕虫状斑纹，两翼圆；下体白色，胸沾赤褐且具黑色细斑。常光顾稻田、林中的沼泽和潮湿洼地以及红树林。主要以昆虫、甲壳类和软体动物等小型无脊椎动物为食。我国全境皆常见的过境迁徙鸟，越冬群体见于台湾、海南、福建、广东及香港；国外繁殖于东北亚，冬季南迁至南亚、东南亚越冬。

鹬科 Scolopacidae
中国评估等级：无危（LC）
世界自然保护联盟（IUCN）评估等级：无危（LC）

长嘴半蹼鹬
Limnodromus scolopaceus

　　体长约30 cm，嘴长且直，飞行时背部白色，呈楔形无横斑，次级飞羽后缘白色明显；繁殖羽整体棕褐色，胸侧及肋部有暗色横纹；非繁殖羽浅灰色，白色的腹部与灰色的胸分界明显，眉纹浅色，上背、肩部和翅上覆羽有暗色。栖于沼泽地及沿海滩涂。我国越冬于台湾、香港，迁徙过境见于多地；国外繁殖于北美洲西北部及俄罗斯，越冬于北美大陆及日本。

鹬科 Scolopacidae
中国评估等级：数据缺乏（DD）
世界自然保护联盟（IUCN）评估等级：无危（LC）

黑尾塍鹬
Limosa limosa

　　全长约39 cm；嘴细长而直，呈淡粉红色，前端淡黑色，眉纹近白色，头、颈、上体和胸部灰褐色，肩和背具浅棕白色羽缘；下腹白色；脚淡灰色。栖息于河流、湖泊等水域附近的沼泽、浅滩、草地以及水田中。常结小群活动。以甲壳类、昆虫为食。我国繁殖于新疆、内蒙古和吉林，迁徙时可见于我国大部分地区，部分留在云南、香港、台湾和海南越冬；国外繁殖于欧亚大陆北部，越冬于欧洲南部、非洲中部、亚洲大部分地区及大洋洲。

鹬科 Scolopacidae
中国评估等级：无危（LC）
世界自然保护联盟（IUCN）评估等级：近危（NT）

斑尾塍鹬
Limosa lapponica

　　体长约40 cm；嘴略向上翘，尾具横纹；夏羽栗色，白色眉纹显著，上体灰褐色，白色羽缘形成斑驳纹，胸部有白斑。与黑尾塍鹬的区别在于翼上横斑狭窄而色浅，白色的腰及尾上具褐色横斑。栖息在沼泽湿地、稻田与海滩。主要以甲壳类、蠕虫、昆虫、植物种子为食。常在苔原草丛间建造巢穴。我国过境新疆天山、东北及华东，在华南沿海及台湾、海南越冬；国外繁殖于欧亚大陆北部及阿拉斯加，冬季至亚洲南部、大洋洲和非洲沿海地区越冬。

鹬科 Scolopacidae
中国评估等级：近危（NT）
世界自然保护联盟（IUCN）评估等级：近危（NT）

小杓鹬
Numenius minutus

体长约30 cm；嘴长而稍向下弯曲，肉红色，端部褐色；头部冠纹明显，中央的皮黄色，两侧的黑色；贯眼纹黑褐色，眉纹白色；上体褐色，羽缘皮黄色和皮黄白色，形成密杂斑驳状，胸部和前颈皮黄色，夹杂细黑褐色条纹；腹部白色，两胁有黑褐色横斑。栖息于湖滨、河边沙滩、水田、荒地、海岸沼泽湿地。主要以各种软体动物、蠕虫、昆虫、小鱼、小虾等为食，有时也吃藻类、草籽和植物种子。我国为旅鸟，见于黑龙江、吉林、辽宁、内蒙古、河北、山东、广东、福建、香港和台湾等地；繁殖于俄罗斯北部，越冬于印度尼西亚、澳大利亚一带。

鹬科 Scolopacidae
中国保护等级：II级
中国评估等级：近危（NT）
世界自然保护联盟（IUCN）评估等级：无危（LC）
濒危野生动植物种国际贸易公约（CITES）等级：附录I

中杓鹬
Numenius phaeopus

体长约43 cm；上体暗棕色，密布白色或皮黄色杂斑，下体浅黄色；头顶两道侧冠纹暗色，被中间的浅色冠纹隔开；眉纹色浅，过眼纹暗色；嘴长而下弯。栖息于沿海沙滩、海滨河口、沙洲、内陆草原湿地、湖泊、沼泽、水塘、河流、农田等，以昆虫、甲壳类和软体类等小型无脊椎动物为食。我国迁徙时见于东部沿海大部分地区，少数在华南沿海河口地带及台湾越冬；国外繁殖于欧亚大陆北部和北美大陆北部，越冬于非洲、亚洲南部、大洋洲以及南美洲沿海地区。

鹬科 Scolopacidae
中国评估等级：无危（LC）
世界自然保护联盟（IUCN）评估等级：无危（LC）

白腰杓鹬
Numenius arquata

　　体长约57 cm；嘴褐色，长而下弯，眉纹白色，脸淡褐色，具褐色细纵纹；头顶及上体淡褐色，密被黑褐色羽干纹，至上背增宽呈块状斑，颈、胸淡褐色具黑褐色细纵纹；下背、腹部、两胁及尾上覆羽白色，具黑褐色条纹；尾羽白色并具黑色细横斑；脚青灰色；雌雄相似。栖息于海滨、河口沙洲、沿海森林和平原的湖泊、河流岸边的沼泽、草地以及农田地带。主要以甲壳类、软体动物、蠕虫、昆虫为食，也啄食小鱼和蛙。常营巢于林中开阔的沼泽湿地、湖泊和溪流附近。我国繁殖于东北，迁徙时途经多地，越冬于长江下游地区、华南与东南沿海，海南、台湾及西藏南部；国外繁殖于古北界北部和中部，冬季南迁至欧洲南部、亚洲中部及南部、非洲、大洋洲越冬。

鹬科 Scolopacidae
中国评估等级：近危（NT）
世界自然保护联盟（IUCN）评估等级：近危（NT）

大杓鹬
Numenius madagascariensis

体长约63 cm；嘴甚长而下弯，眼周灰白色，眼先蓝灰色；整体棕黄色，上体羽缘白色和棕白色，颈部羽缘较宽而显白，胸部和肋部多纵纹，密布棕色横纹；初级飞羽具白色横斑，外侧覆羽具白色端缘，腰和尾上覆羽具较宽的棕红褐色羽缘，尾羽有棕褐色或灰褐色横斑；腹至尾下覆羽灰白色，具稀疏的灰褐色羽干纹。栖息于低山丘陵和平原地带的林中小溪、河流、湖泊、沼泽、水塘及附近湿草地和水稻田边。食物主要为甲壳类、软体动物、蠕形动物、昆虫，有时也吃鱼类、两栖类等脊椎动物。我国繁殖于黑龙江、吉林、内蒙古东部，越冬于华东、东南部沿海地区和台湾，迁徙时见于华北、东北等地；国外繁殖于蒙古国东部、俄罗斯，越冬于菲律宾、印度尼西亚、澳大利亚和新西兰。

鹬科 Scolopacidae
中国评估等级：易危（VU）
世界自然保护联盟（IUCN）评估等级：濒危（EN）

269

鹤鹬
Tringa erythropus

　　体长约30 cm，嘴长且直；繁殖羽黑色具白色点斑，两翼色深、过眼纹明显。非繁殖羽上体灰色，胸部和下体浅灰色，有对比鲜明的黑色眼纹和白色眉纹。喜在鱼塘、沿海滩涂及沼泽地带或浅水处活动。以各种水生昆虫、软体动物、甲壳动物、鱼、虾等为食。迁徙时见于我国多数地区，在西南东部和华南地区越冬；国外繁殖于欧洲，南迁至非洲、亚洲南部越冬。

鹬科 Scolopacidae
中国评估等级：无危（LC）
世界自然保护联盟（IUCN）评估等级：无危（LC）

红脚鹬
Tringa totanus

　　体长约27 cm，嘴基部和脚红色；繁殖季上体棕色具黑色细纹，下体白色有明显褐色纵纹；非繁殖季上体棕灰色，下体纵纹较淡；初级飞羽黑色，次级飞羽白色，腰至尾白色，两肋具黑褐色横斑，尾具黑褐色横斑。栖息于湖泊、水库、溪流和水塘等地的边缘浅滩和沼泽地中。多单独或成对活动。以鱼、虾、水生昆虫等为食。我国广泛见于全国各地，在西北和东北地区繁殖，在西南东部和华南地区越冬；国外繁殖于欧亚大陆中部及以北地区，冬季南迁至欧洲、亚洲、非洲、大洋洲越冬。

鹬科 Scolopacidae
中国评估等级：无危（LC）
世界自然保护联盟（IUCN）评估等级：无危（LC）

青脚鹬
Tringa nebularia

全长约33 cm；头、颈和上背灰褐色；下背、腰和尾上覆羽白色；下体白色；尾具黑色横斑；脚灰绿色。栖息于河流、湖泊和水库边的浅水地带或河滩、沼泽地带。以水生昆虫、虾及水生植物为食。我国旅鸟可见于全国各地，在西南、华南地区越冬；国外繁殖于古北界，越冬于非洲南部、亚洲南部、大洋洲。

鹬科 Scolopacidae
中国评估等级：无危（LC）
世界自然保护联盟（IUCN）评估等级：无危（LC）

白腰草鹬
Tringa ochropus

　　体长约23 cm；头、后颈及背部均为暗橄榄色，闪铜褐色光彩，并散布淡棕白色点斑，喉、胸及两胁具纤细褐色纵纹；两翼及下背黑色，尾上覆羽白色，尾羽端部具暗黑褐色横斑；下体白色；嘴黑色，脚暗绿色。喜在河滩、水田、水库、坝塘觅食。以昆虫为食。我国繁殖于东北北部和新疆西部，越冬于西藏、云南、贵州、四川等地，迁徙经过华中地区；国外繁殖于欧亚大陆北部，越冬于欧洲南部、非洲、亚洲南部。

鹬科 Scolopacidae
中国评估等级：无危（LC）
世界自然保护联盟（IUCN）评估等级：无危（LC）

273

林鹬
Tringa glareola

　　全长约21 cm；头、颈和胸密布灰棕色条纹，嘴暗褐色，眉纹和喉部白色，上体黑棕色密布白色或浅褐色斑点和细纹，腰和尾羽白色，尾羽具黑色横斑；下体白色；脚黄色。栖息于湖泊、河流及沼泽等湿地的边缘浅滩地带，也见于水田、水库边缘等人工湿地中。食物以水生昆虫和软体动物等为主，也取食少量的植物种子。在我国繁殖于东北地区和内蒙古东部，迁徙时可见于全境，越冬于海南、台湾、广东及香港，少数在云南、河北及山东越冬；国外繁殖于欧亚大陆北部，冬季南迁至非洲、亚洲南部、大洋洲越冬。

鹬科 Scolopacidae
中国评估等级：无危（LC）
世界自然保护联盟（IUCN）评估等级：无危（LC）

翘嘴鹬
Xenus cinereus

体长约23 cm；嘴长而上翘，上体灰棕色，具灰白色半截眉纹，头冠、后颈、脸颊、胸部具黑褐色细纵纹，初级飞羽黑色，繁殖期肩羽具黑色条纹，羽干深色，飞行时翼上狭窄的白色内缘明显；腹部及臀白色；腿短，橘黄色。喜沿海泥滩、小河及河口。迁徙时可见于我国各地；国外繁殖于欧亚大陆北部，冬季南迁至亚洲南部、大洋洲、非洲东部和南部沿海地区越冬。

鹬科 Scolopacidae
中国评估等级：无危（LC）
世界自然保护联盟（IUCN）评估等级：无危（LC）

矶鹬
Actitis hypoleucos

体长约19 cm，头和上体绿褐色，具黑褐色斑纹；眉纹和眼周白色。胸部灰褐色，有暗褐色纤细条纹，飞羽近黑色，飞行时具明显的白色横斑；下体余部纯白；嘴黑褐色，脚淡黑绿色。栖息于湖泊、水库、坝塘近岸浅滩、水田和沼泽地，以螃蟹、虾、水生昆虫、蠕虫、水藻为食。我国繁殖于东北、华北、西北地区，越冬于长江流域以南地区，旅经其他地区；国外繁殖于古北界及喜马拉雅山脉地区，冬季至非洲、亚洲南部、大洋洲越冬。

鹬科 Scolopacidae
中国评估等级：无危（LC）
世界自然保护联盟（IUCN）评估等级：无危（LC）

翻石鹬
Arenaria interpres

体长约23 cm，体形矮胖；头、颈及胸部具有栗黑色、棕色及白色的复杂图案，嘴短且微微上翘；飞行时翼上具醒目的黑白色图案；下体白色，嘴、腿及脚均短，腿脚橘黄色。冬季时身上的栗红色消失，换成单调朴素的深褐色。嘴可翻开石头，寻找躲在下面的猎物。喜欢栖息在潮间带、河口沼泽或是礁石海岸等湿地环境。以沙蚕、螃蟹等小动物为食。迁徙时途经我国东部和中部大部分地区，部分于台湾、福建及广东越冬；国外繁殖于全北界高纬度地区，冬季南迁至南美洲、非洲、亚洲热带地区、大洋洲越冬。

鹬科 Scolopacidae
中国评估等级：无危（LC）
世界自然保护联盟（IUCN）评估等级：无危（LC）

大滨鹬
Calidris tenuirostris

    体长约27 cm；嘴长且厚，前端微下弯；头顶具纵纹，上体色深具模糊纵纹，肩部有栗色和黑色的斑块；冬季胸及两侧具黑色点斑，腰及两翼具白色横斑；夏季胸部具黑色大点斑，翼具赤褐色横斑。主要栖息于海岸、河口沙洲、河流与湖泊以及附近沼泽地带。以甲壳类、软体动物、昆虫为食。我国为过境鸟，经过东部沿海地区，偶见于华南地区和海南越冬；繁殖于欧亚大陆东北部，越冬于南亚、东南亚南部、澳大利亚沿海地区。

鹬科 Scolopacidae
中国评估等级：易危（VU）
世界自然保护联盟（IUCN）评估等级：濒危（EN）

三趾滨鹬
Calidris alba

体长约20 cm；嘴短而粗，肩羽黑色，飞行时翼上具白色宽纹，无后趾，尾中央色暗，两侧白；夏季鸟上体浅黄至赤褐色，上背和覆羽有黑色羽轴和羽尖，下体白色；冬季体偏白，肩部黑色明显。栖息于沿海泥滩或沙滩。以昆虫或植物为食。我国常见冬候鸟及过境鸟，为新疆西部、西藏南部、黑龙江、吉林、辽宁、贵州及海南的偶见迁徙鸟，为华南、东南沿海地区及台湾的越冬鸟；繁殖于北半球北部，冬季在北半球中部直至南半球陆地沿海地区越冬。

鹬科 Scolopacidae
中国评估等级：无危（LC）
世界自然保护联盟（IUCN）评估等级：无危（LC）

红颈滨鹬
Calidris ruficollis

　　体长约15 cm；冬羽眉线白色，上体灰褐色，具杂斑及纵纹，腰中部及尾深褐色，尾侧和下体白色；夏羽头、胸、喉锈红色，头冠有条纹，肩羽红褐色，背、翼下覆羽栗色，飞羽色浅；腿黑色。冬季栖息于海边、河口、湖泊及沼泽地带，结大群在水边浅水处或海边潮间地带活动和觅食。主要以昆虫、昆虫幼虫、蠕虫、甲壳类和软体动物为食。营巢于苔原草本植物丛中。迁徙期可见于我国各地区，少量在华南沿海地区越冬；国外繁殖于俄罗斯，越冬于中南半岛至大洋洲。

鹬科 Scolopacidae
中国评估等级：无危（LC）
世界自然保护联盟（IUCN）评估等级：近危（NT）

青脚滨鹬
Calidris temminckii

　　体小而矮壮，体长约14 cm；冬季上体全暗灰，喉白色，下体胸部灰色，渐变为近白色的腹部，尾长于拢翼，外侧尾羽纯白；夏季上体棕色，胸灰褐色有条纹，翼覆羽带棕色；腿短，青灰色。喜沿海滩涂及沼泽地带，成小或大群。迁徙时过境我国全境，少量越冬群见于云南、台湾、广东及香港等地。国外繁殖在北极苔原地区，冬季至非洲、亚洲南部越冬。

鹬科 Scolopacidae
中国评估等级：无危（LC）
世界自然保护联盟（IUCN）评估等级：无危（LC）

281

长趾滨鹬
Calidris subminuta

　　体长约14 cm；头顶褐色，白色眉纹明显。上体具黑色粗纵纹，胸浅褐色，肩部、覆羽和三级飞羽边缘褐色，腰部中央及尾深褐色，腹白，腿绿黄色；夏季羽多灰色，肩部羽毛中间黑色。喜沿海滩涂、小池塘、稻田及其他的泥泞地带。单独或集群活动。迁徙时过境我国各地区，越冬在台湾、广东及广西；国外繁殖于俄罗斯，越冬于南亚、东南亚南部、大洋洲沿海地区。

鹬科 Scolopacidae
中国评估等级：无危（LC）
世界自然保护联盟（IUCN）评估等级：无危（LC）

282

尖尾滨鹬
Calidris acuminata

　　体长约19 cm，嘴短；头顶有棕色条纹，眉纹色浅，在眼后有延伸，颈部和胸部皮黄色，具黑色纵纹并延伸至腹部；尾中央黑色，两侧白色；夏羽灰色，头顶橘黄色。栖于沼泽地带及沿海滩涂、泥沼、湖泊及稻田。常单独或成小群在有低矮草本植物的水边或浅水处活动和觅食。主要以蚊和其他昆虫幼虫为食，也吃其他小型无脊椎动物或植物种子。我国常见迁徙过境鸟，在东北、东部沿海省份和云南均有记录，在台湾有越冬记录；国外繁殖于俄罗斯，冬季远至大洋洲越冬。

鹬科 Scolopacidae
中国评估等级：无危（LC）
世界自然保护联盟（IUCN）评估等级：无危（LC）

流苏鹬
Calidris pugnax

体长雄鸟约28 cm，雌鸟约23 cm，头小颈长，头颈皮黄色，嘴直且短，暗褐色，喉浅皮黄色；上体深褐具浅色鳞状斑纹；下体白，两胁常具少许横斑，飞行时翼上狭窄的白色横纹以及深色尾基两侧的椭圆形白斑明显；腿长。主要栖息于湖泊、河流、河口、稻田附近的沼泽与湿地。喜集群，以甲虫、蟋蟀、蚯蚓、蠕虫等无脊椎动物为食，有时也吃植物种子。营巢于沼泽湿地和水域岸边。迁徙时过境我国大部分地区，少部分在广东、福建、香港和台湾越冬；国外繁殖于欧亚大陆北部，越冬于非洲、亚洲南部、大洋洲。

鹬科 Scolopacidae
中国评估等级：无危（LC）
世界自然保护联盟（IUCN）评估等级：无危（LC）

弯嘴滨鹬
Calidris ferruginea

　　体长约21 cm，嘴长而下弯；冬羽上体灰色无纵纹，腰部白色明显，眉纹、翼上横纹及尾上覆羽的横斑均白色；夏羽通体体羽深棕色，额、颏白色，腰部白色不明显。主要栖息于海岸、湖泊、河流、海湾、河口、稻田和鱼塘附近沼泽地带。主要以甲壳类、软体动物、蠕虫和水生昆虫为食。迁徙时可见于我国各地，少量在海南、广东及香港越冬；国外繁殖于俄罗斯，越冬于非洲、亚洲南部、大洋洲。

鹬科 Scolopacidae
中国评估等级：无危（LC）
世界自然保护联盟（IUCN）评估等级：近危（NT）

285

黑腹滨鹬
Calidris alpina

　　体长约19 cm，头部灰色或黄色，有一道白色眉纹，嘴端略下弯，腰部色深，胸具黑色条纹，腹部黑色，尾中央黑而两侧白，腿较短粗；夏羽胸部黑色，上体棕色。栖息于冻原、高原和平原地区的湖泊、河流、水塘、河口等水域岸边和附近沼泽与草地上。常成群活动。主要以甲壳类、软体动物、蠕虫、昆虫等小型无脊椎动物为食。我国常见过境鸟及冬候鸟，迁徙时见于西北、东北及东南地区，越冬在华南、东南沿海及长江中下游流域；国外繁殖于全北界北部，往南越冬。

鹬科 Scolopacidae
中国评估等级：无危（LC）
世界自然保护联盟（IUCN）评估等级：无危（LC）

红颈瓣蹼鹬
Phalaropus lobatus

　　体长约18 cm，头顶及眼周黑色，嘴细长；上体灰色，羽轴色深；下体偏白；飞行时深色腰部及翼上的宽白横纹明显。夏羽喉白，棕色的眼纹至眼后而延至耳覆羽，肩羽金黄。冬季在海上结大群，食物为浮游生物。有时到陆上的池塘或沿海滩涂取食。我国罕见过境鸟，国内多地有记录，冬季见于海南、台湾；国外繁殖于全北界北部，越冬于中美洲、中东地区、南太平洋地区。

鹬科 Scolopacidae
中国评估等级：无危（LC）
世界自然保护联盟（IUCN）评估等级：无危（LC）

棕三趾鹑
Turnix suscitator

体长约16 cm；上体褐色斑驳，胸及两胁棕色；雌鸟体略大，头顶近黑，头部灰白色斑驳，颏及喉黑色；雄鸟头顶多褐色，脸颏褐色具白色纹，胸及两胁具黑色横纹。单个或成对活动于开阔的草地。我国主要见于华南和西南地区；国外见于亚洲南部地区。

三趾鹑科 Turnicidae
中国评估等级：无危（LC）
世界自然保护联盟（IUCN）评估等级：无危（LC）

普通燕鸻
Glareola maldivarum

　　体长约25 cm；嘴短，基部红色，喉部淡黄色有一黑色半环（冬候鸟模糊）；上体棕褐色具橄榄色光泽，两翼长，近黑色，尾上覆羽白色；腹部灰色，叉形尾背面黑色，基部、尾下及外缘白色。栖息于开阔平原地区的湖泊、河流、水塘、农田、耕地和沼泽地带。小群至大群活动。主要取食昆虫，也吃甲壳类等其他小型无脊椎动物。我国繁殖于东北、华北、华东、华南地区，迁徙时见于西北、华中、西南地区；国外分布于东北亚、南亚、东南亚和大洋洲北部。

燕鸻科 Glareolidae
中国评估等级：无危（LC）
世界自然保护联盟（IUCN）评估等级：无危（LC）

289

灰燕鸻
Glareola lactea

　　体长约18 cm；嘴黑色，基部有红斑点；上体沙灰色，胸皮黄色，翼下覆羽和初级飞羽黑色，次级飞羽白而端黑；腰白色；尾平，端部的楔形黑色斑使尾看似叉形。栖息于河流沿岸沙滩和沙石地，以及附近沼泽和农田地带。常成群活动。食物主要为昆虫，有时也吃小的甲壳类和软体动物。营巢于河边裸露沙地或沙石地上。我国繁殖于云南、西藏；国外分布于南亚次大陆、中南半岛西部和中部。

燕鸻科 Glareolidae
中国保护等级：II级
中国评估等级：无危（LC）
世界自然保护联盟（IUCN）评估等级：无危（LC）

细嘴鸥
Chroicocephalus genei

　　体长约42 cm；嘴纤细，红色，额部低，冬季在耳羽区具灰色点斑；肩、背和翅浅灰色，初级飞羽白而羽端黑色；下体带有粉红色，腿橘黄色。主要栖息于海岸、岛屿、咸水湖泊和沿海沼泽地带，有时也到内陆平原荒漠地带的淡水湖泊。主要以小鱼、甲壳类、小型水生无脊椎动物、昆虫等动物性食物为食。我国偶见于云南大理、香港；国外繁殖于中亚地区，冬季至地中海地区以及北非、中亚、西亚、南亚越冬。

鸥科 Laridae
中国评估等级：数据缺乏（DD）
世界自然保护联盟（IUCN）评估等级：无危（LC）

291

棕头鸥
Chroicocephalus brunnicephalus

　　体长约46 cm。冬羽头部至上背及下体白色，眼后及后枕具深灰色斑块，肩、两翅覆羽、三级飞羽及背、腰银灰色，飞羽端部黑色并具明显的白色斑块，尾羽白色。夏羽头及颈褐色，眼周有白环、颈部白色。栖息于海拔2000~3500 m的高山和高原湖泊、水塘、河流和沼泽地带，多单只活动，以鱼、虾、软体动物及水生昆虫为食。我国繁殖于西藏、青海、内蒙古，迁徙时见于北部及西南部，部分在云南西部、香港越冬；国外繁殖于中亚，越冬于南亚次大陆和中南半岛。

鸥科 Laridae
中国评估等级：无危（LC）
世界自然保护联盟（IUCN）评估等级：无危（LC）

红嘴鸥
Chroicocephalus ridibundus

体长约38 cm。冬羽头、后颈、腰及尾上覆羽、尾羽白色，背及两翅银灰色，初级飞羽白而具黑色羽缘，下体纯白；夏羽头部淡褐色，眼周具白环；嘴和脚均红色。在河流、湖泊、水库、坝塘等水域附近觅食。主要以鱼、虾、螺、昆虫等为食，有时亦吃些植物。我国繁殖于西北及东北湿地，在东部及北纬32°以南的湖泊、河流及沿海地带越冬。自1985年起，每年有上万余只越冬群进入昆明市区觅食，成为一大景观。国外繁殖于古北界，冬季见于北非、中东、西亚、南亚和东南亚北部。

鸥科 Laridae
中国评估等级：无危（LC）
世界自然保护联盟（IUCN）评估等级：无危（LC）

293

黑嘴鸥
Saundersilarus saundersi

　　体长29～38 cm，嘴黑色，脚红色；头及颈上部黑色，翅合拢时可见白色斑点，初级飞羽下部黑色。但冬季头白色，眼后耳区有黑色斑点，头顶缀有淡褐色斑点。主要在盐田、碱蓬滩、农田、泥质滩涂等生境觅食。常营巢于宽阔的沿海滩涂。在我国辽宁、河北、山东及江苏等沿海地区繁殖，越冬于我国南部沿海地区；国外分布于日本、朝鲜、韩国等地。

鸥科 Laridae
中国评估等级：易危（VU）
世界自然保护联盟（IUCN）评估等级：易危（VU）

遗鸥
Ichthyaetus relictus

　　体长约45 cm，头黑色，嘴及脚红色。繁殖羽头部近黑色，翼合拢时翼尖具数个白点，飞行时前几枚初级飞羽黑色，白色翼镜适中。白色眼睑较宽。非繁殖羽耳部具深色斑块，头顶及颈背具暗色纵纹。以水生昆虫和其他水生无脊椎动物为食。在湖心岛建巢。我国内蒙古阿拉善和陕西红碱淖的繁殖群占全球的90%以上，冬季在我国渤海湾越冬，也见于东部和东南部等地区的湿地；国外繁殖于哈萨克斯坦、俄罗斯、蒙古国等，越冬于韩国。

鸥科 Laridae
中国保护等级：1级
中国评估等级：濒危（EN）
世界自然保护联盟（IUCN）评估等级：易危（VU）
濒危野生动植物种国际贸易公约（CITES）等级：附录I

295

渔鸥
Ichthyaetus ichthyaetus

　　体长约69 cm。冬羽头部及下体白色，头顶至后颈有深色纵纹，眼后方有黑色斑，上体淡灰色，肩羽具白色尖端，初级飞羽白色具黑色亚端斑；夏羽头和前颈黑色，眼周白色，嘴近黄，尖端红色有黑色环带；飞行时翼下全白，仅翼尖有小块黑色并具翼镜。栖息于海岸、海岛、大的淡水湖和河流。常单独或成小群活动，主要以鱼为食，也吃虾、软体动物及水生昆虫。成群营巢于水边悬岩或平地和沙地上。我国繁殖于青海的青海湖和扎陵湖、内蒙古的乌梁素海，迁徙经过新疆、四川、云南、西藏，冬候鸟偶尔见于香港；国外繁殖于哈萨克斯坦、俄罗斯、蒙古国，越冬于地中海、红海、黑海、里海、波斯湾和孟加拉湾。

鸥科 Laridae
中国评估等级：无危（LC）
世界自然保护联盟（IUCN）评估等级：无危（LC）

黑尾鸥
Larus crassirostris

　　体长约46 cm，嘴绿黄色，具红色斑点，近端处有黑斑；体背、腰以及两翅暗灰色，身体其余部分均白色，两翼长窄，合拢的翼尖上具4个白色斑点，尾具宽大的黑色次端带，脚和趾暗绿黄色；冬季头顶及颈背具深色斑。栖息于湖泊及水库、坝塘等水域中。常结小群活动。以鱼、虾等动物性食物为主。我国繁殖于东部沿海地区，越冬于广东、香港、台湾、云南；国外分布于朝鲜、韩国、日本、俄罗斯。

鸥科 Laridae
中国评估等级：无危（LC）
世界自然保护联盟（IUCN）评估等级：无危（LC）

普通海鸥
Larus canus

　　体长约45 cm；嘴细，黄绿色，无斑环；初级飞羽羽尖白色，具大块的白色翼镜，尾白色；身体下部纯白色，腿黄绿色；冬羽头及颈散见褐色细纹，有时嘴尖有黑色。常见于海边、海港、盛产鱼虾的渔场等地。以海滨昆虫、软体动物、甲壳类为食，也吃耕地里的蠕虫和蛴螬，还爱捡食人类的垃圾。我国除西藏、宁夏外，各地均有记录；国外分布于欧亚大陆和北美大陆北部地区。

鸥科 Laridae
中国评估等级：无危（LC）
世界自然保护联盟（IUCN）评估等级：无危（LC）

西伯利亚银鸥
Larus smithsonianus

　　大型鸥类，体长约60 cm，外形厚重；嘴厚，基部灰白，尖端淡黄绿色，下嘴端部有一橙红斑；肩、下背和两翅灰色，腰至尾羽白；脚肉红色略沾灰色。非繁殖羽鸟头、颈背及胸部具深色纵纹，上体浅灰、灰或深灰色，三级飞羽及肩部具白色宽月牙形斑，合拢的翅上可见多至5枚突出的白色翼尖，飞行时可见白色翼镜。见于有大面积水域的地方。主食鱼、虾、海星和陆地上的蝗虫、螽斯及鼠类等，也以鱼类、啮齿动物及动物尸体为食，是沿海、内陆水域的清道夫。我国迁徙经过东北，在华北、华东、华南沿海地区越冬；国外分布于亚洲东部和北美洲。

鸥科 Laridae
中国评估等级：无危（LC）
世界自然保护联盟（IUCN）评估等级：无危（LC）

299

里海鸥
Larus cachinnans

　　又名黄脚银鸥、蒙古银鸥。体长约60 cm，上体浅灰至中灰色，腿粉黄色；冬鸟头及颈背无褐色纵纹。我国繁殖于西北及东北，冬季过境我国多地，极少数在华南沿海地区越冬；国外繁殖于哈萨克斯坦、俄罗斯和蒙古国，冬季南移至波斯湾、印度洋等地越冬。

鸥科 Laridae
中国评估等级：无危（LC）
世界自然保护联盟（IUCN）评估等级：无危（LC）

灰背鸥
Larus schistisagus

　　体长约61 cm，嘴黄色，具红点，背部深灰色，肩羽和次级飞羽具较宽的白色尖端，腿粉红色；冬羽头后及颈部具褐色纵纹，尤以眼周和后枕较密。栖息于海滨沙滩、岩石海岸、岛屿及河口地带，迁徙期间也见于内陆河流与湖泊。成对或成小群活动。主食鼠类、蜥蜴、昆虫和动物尸体，也在水上捕食小鱼、甲壳类和软体动物等水生动物。常置巢于海岛和海岸悬岩上。我国冬季见于从黑龙江至广西沿海岸线的广大地区；国外繁殖于俄罗斯及日本北部，越冬于日本、朝鲜、韩国沿海地带。

鸥科 Laridae
中国评估等级：无危（LC）
世界自然保护联盟（IUCN）评估等级：无危（LC）

鸥嘴噪鸥
Gelochelidon nilotica

体长约39 cm，尾狭而尖叉，嘴黑色，脚黑色；冬羽头白色，颈背具灰色杂斑，块斑过眼，上体灰色，下体白色；夏羽头顶全黑，背和中央尾羽淡灰色，两侧尾羽白色。繁殖期主要栖息于内陆淡水或咸水湖泊、河流与沼泽地带，非繁殖期主要栖息于海岸及河口地区。主要以昆虫、蜥蜴和小鱼为食，也吃甲壳类和软体动物。单独或成小群活动，常营巢于大的湖泊与河流岸边沙地或泥地上。我国繁殖于新疆、内蒙古、辽宁、河北、山东、福建、广东、香港、台湾，越冬于海南；国外繁殖于欧洲南部、亚洲中部，越冬于非洲、亚洲、大洋洲的热带和暖温带地区。

鸥科 Laridae
中国评估等级：无危（LC）
世界自然保护联盟（IUCN）评估等级：无危（LC）

褐翅燕鸥
Onychoprion anaethetus

    体长约37 cm；前额白色，狭窄的白色眉纹延至眼后，贯眼纹黑色；额至枕黑色，除翼上前缘及外侧尾羽白色外，上翼、背及尾深褐灰色；颊、颈侧和下体白色，尾呈深叉形。主要栖息于海洋，仅在恶劣气候及繁殖季才靠近海岸或岛屿。食物主要是鱼类、甲壳类和海洋软体动物。我国见于福建、广东、广西、香港、台湾、海南；国外广布于大西洋、印度洋、太平洋。

鸥科 Laridae
中国评估等级：无危（LC）
世界自然保护联盟（IUCN）评估等级：无危（LC）

白额燕鸥
Sternula albifrons

体长24 cm，额白色，尾开叉浅；夏羽头顶、颈背及过眼线黑色，嘴和脚黄色；冬羽头顶、颈背黑色减小至月牙形，翼前缘黑色，后缘白色，嘴黑色，脚暗红色。栖息于内陆湖泊、河流、水库、水塘、沼泽，以及沿海海岸、岛屿、河口和沿海沼泽与水塘。主要以小鱼、甲壳类、软体动物和昆虫为食。我国繁殖于除西藏、广西以外的大部分地区，在云南、台湾为留鸟；国外繁殖于欧洲、中亚和东北亚，越冬于欧洲南部、非洲、亚洲南部和大洋洲。

鸥科 Laridae
中国评估等级：无危（LC）
世界自然保护联盟（IUCN）评估等级：无危（LC）

普通燕鸥
Sterna hirundo

　　体长约35 cm，尾深叉形；上翼及背灰色，尾上覆羽、腰及尾白色，下体白色；繁殖羽头顶和颈背黑色，嘴红色，端部黑色，胸灰色，脚红色；非繁殖羽头顶和颈背黑色，有白色杂斑且额白，前翼具黑色横纹，外侧尾羽羽缘近黑。栖息于平原、草地、湖泊、河流、水塘和沼泽地带。主要以小鱼、虾、甲壳类、昆虫等小型动物为食。我国繁殖于北方大部分地区，迁徙时经过华南及东南；国外繁殖于北美洲及古北界，冬季南迁至南美洲、非洲、亚洲南部和大洋洲。

鸥科 Laridae
中国评估等级：无危（LC）
世界自然保护联盟（IUCN）评估等级：无危（LC）
濒危野生动植物种国际贸易公约（CITES）：附录II

灰翅浮鸥
Chlidonias hybrida

　　体长约25 cm，头顶后及颈背黑色，下体白色，翼、颈背、背及尾上覆羽灰色，尾浅开叉；繁殖羽额黑，胸灰色，腹深灰色；非繁殖羽额白，头顶至后颈黑色，具白色纵纹。栖息于开阔的平原湖泊、水库、河口、海岸和附近沼泽地带，也出现于水塘和农田上空。主要以小鱼、虾、水生昆虫等水生脊椎和无脊椎动物为食。常成群活动，营巢于开阔的浅水湖泊和附近芦苇沼泽地上。我国繁殖于东部地区，过境其余大部分地区；国外分布于欧亚大陆中部以南地区、非洲、大洋洲。

鸥科 Laridae
中国评估等级：无危（LC）
世界自然保护联盟（IUCN）评估等级：无危（LC）

白翅浮鸥
Chlidonias leucopterus

　　体长约23 cm，眼至耳区有一黑色带斑，并常和头顶黑斑相连；颏、喉白色而杂有黑色斑点；尾浅开叉；繁殖羽头、颈、背及胸黑色，与白色尾及浅灰色翼成明显反差，翼上近白，翼下覆羽明显黑色；非繁殖羽上体浅灰色，头后具灰褐色杂斑，下体白色。主要栖息于内陆河流、湖泊、沼泽、河口和附近沼泽与水塘中。常成群活动。主要以小鱼、虾、昆虫等水生动物为食，有时也在地面捕食蝗虫等昆虫。常营巢于湖泊和沼泽中死的水生植物堆上。我国繁殖于东北、华北和西北地区，迁徙途经我国大部分地区，越冬于华南地区；国外繁殖于欧洲南部和亚洲北部，越冬于非洲、亚洲南部和大洋洲。

鸥科 Laridae
中国评估等级：无危（LC）
世界自然保护联盟（IUCN）评估等级：无危（LC）

河燕鸥
Sterna aurantia

　　体长约43 cm，额至后颈黑色，嘴粗大、黄色；上体余部灰色，下体白色；翅和尾羽银灰色，翼尖近黑，尾长呈深叉状；脚橘黄色；越冬鸟嘴端黑色，额及头顶偏白。两性相似。栖息于山地和平原上的江河、河流沿岸大的湖泊和沼泽中。留鸟，主要以小型鱼类为食，也吃蛙、蝌蚪、甲壳类和水生昆虫。营巢于偏僻的河川岸边沙地上。我国仅见于云南；国外分布于南亚次大陆和中南半岛。

鸥科 Laridae
中国保护等级：II级
中国评估等级：近危（NT）
世界自然保护联盟（IUCN）评估等级：近危（NT）

鸽形目
COLUMBIFORMES

原鸽
Columba livia

　　为家鸽祖先，经过人类长年驯化，分化出了形态各异的鸽子。体长约32 cm，翼上横斑及尾端横斑黑色，头、颈及胸部具紫绿色闪光，尾端斑黑色，外侧尾羽白色，嘴黑色，脚深红色。以各种植物的果实和种子为食。城市中常看到其驯化种群或再野化种群。我国分布于新疆、西藏；国外分布于欧洲南部、亚洲西部、非洲北部。

鸠鸽科 Columbidae
中国评估等级：无危（LC）
世界自然保护联盟（IUCN）评估等级：无危（LC）

岩鸽
Columba rupestris

　　体长约31 cm；上体大部灰蓝色，额、喉乌灰色，后颈、上背闪绿色和紫色光泽，前胸呈暗紫褐色，向后逐渐转浅，至腹部变为灰白色；下背及腰纯白，翅上具有两道不完整的黑色横斑，尾羽末端黑色并具白色次端斑；尾上覆羽暗灰。栖息于多岩石的山地，常结群活动，主要以植物的种子和果实等为食。结群筑巢于岩壁石隙中或岩洞里。我国分布于东北、西北、华北和西南地区；国外分布于中亚、东亚和南亚北部。

鸠鸽科 Columbidae
中国评估等级：无危（LC）
世界自然保护联盟（IUCN）评估等级：无危（LC）

313

雪鸽
Columba leuconota

体长约35 cm；头深灰色，上背淡棕色，腰黑色；领、下背及下体白色；翼灰色，具两道黑色横纹；尾黑，中间部位具白色宽带。栖息于海拔2000~4000 m的适合环境下，尤其在喜马拉雅山脉较潮湿的地区。主要以草籽、野生豆科植物种子和浆果等植物性食物为食，也吃青稞、油菜籽等农作物。成对或结小群活动，滑翔于高山草甸、悬崖峭壁及雪原上空。常营巢于高山、悬崖峭壁的石头缝隙中。我国分布于西藏、云南、四川、青海、甘肃；国外分布于中亚东部、南亚北部和东南亚西北部。

鸠鸽科 Columbidae
中国评估等级：无危（LC）
世界自然保护联盟（IUCN）评估等级：无危（LC）

314

斑林鸽
Columba hodgsonii

　　体长约38 cm；头灰色，上背酱紫色，下背灰色，颈部羽毛长而具端环，体羽无金属光泽，多具白点。栖于亚高山多岩崖峭壁的森林。成小群活动，树栖型。我国分布于云南、西藏、四川、陕西、甘肃；国外分布于喜马拉雅山脉以及中南半岛北部。

鸠鸽科 Columbidae
中国评估等级：无危（LC）
世界自然保护联盟（IUCN）评估等级：无危（LC）

山斑鸠
Streptopelia orientalis

　　体长约33 cm；头和颈粉褐色，后颈基部两侧各具一黑色和蓝灰色相间的块状斑纹，肩羽具锈红色羽缘，上背褐色，下背至尾上覆羽蓝灰色，尾羽灰褐色，端缘灰白色；下体浅葡萄红色，颏、喉和尾下覆羽浅淡。两性相似。栖息于阔叶林、针阔混交林、稀树灌丛等生境中，也常见在农田附近活动觅食。以植物的果实、种子等为食。在乔木树上营巢。我国分布于全国各地；国外见于亚洲大部分地区。

鸠鸽科 Columbidae
中国评估等级：无危（LC）
世界自然保护联盟（IUCN）评估等级：无危（LC）

灰斑鸠
Streptopelia decaocto

　　体长约32 cm，典型特征为后颈具黑白色半领圈，头顶灰色，上体粉灰色，下体灰色。栖息于平原、山麓和低山丘陵地带的树林中，亦常出现于农田、果园、灌丛、城镇和村屯附近。主要以各种植物果实、种子和昆虫为食。群居，常营巢于小树上或灌丛中。我国除新疆北部、东北北部和台湾以外，几乎均有分布；国外分布于欧洲南部、亚洲温带和亚热带地区、非洲北部。

鸠鸽科 Columbidae
中国评估等级：无危（LC）
世界自然保护联盟（IUCN）评估等级：无危（LC）

珠颈斑鸠
Streptopelia chinensis

　　全长约32 cm；头部淡蓝灰色，后颈宽阔，领圈黑色密布白色珠状点斑；上体褐色，外侧尾羽黑褐色具白色端斑；下体粉红色，尾下覆羽灰色。两性相似。栖息于开阔的坝区森林、稀疏灌丛、农田及居民区附近的乔木林中。常结群活动。主要以植物种子、果实等为食。在树上营巢。我国遍布于华中、西南、华南及华东地区；国外分布于南亚东北部、东南亚。

鸠鸽科 Columbidae
中国评估等级：无危（LC）
世界自然保护联盟（IUCN）评估等级：无危（LC）

火斑鸠
Streptopelia tranquebarica

　　体长约23 cm；雄鸟头、颈蓝灰色，后颈具一半圆形黑色领环，上背、肩、翅覆羽红褐色，外侧尾羽具白端；胸、腹葡萄红色，尾下覆羽白色。雌鸟土褐色，颈基黑色领环不明显，颏和上喉污白，尾下覆羽蓝白色；腿深褐色。栖息于低山丘陵地带的疏林林缘、草地、林间空地、农田中，结群活动，以农作物和其他植物果实、种子为食，兼食少量昆虫。树上营巢。我国分布广泛，大致在长江以南为留鸟，长江以北为夏候鸟；国外分布于南亚和东南亚。

鸠鸽科 Columbidae
中国评估等级：无危（LC）
世界自然保护联盟（IUCN）评估等级：无危（LC）

斑尾鹃鸠
Macropygia unchall

　　全长约36 cm；雄鸟头顶粉红色，头、颈、胸闪紫铜色光泽；上体、翅和尾大部为棕褐色，并密布暗栗色细斑；胸具黑纹，腹部淡棕黄色；雌鸟金属光泽较淡，下体密布黑褐色细斑纹。栖息于热带雨林或季雨林内。以各种野果为食，尤其喜食无花果和各种浆果等，也取食少量的稻谷和草籽。我国分布于西南和华南地区；国外分布于喜马拉雅山脉东段、中南半岛、苏门答腊岛、爪哇岛。

鸠鸽科 Columbidae
中国保护等级：II级
中国评估等级：近危（NT）
世界自然保护联盟（IUCN）评估等级：无危（LC）

小鹃鸠
Macropygia ruficeps

　　体长约30 cm；体羽红棕色，头和脸淡红褐色，喉灰白色，颈和胸具红色斑纹；尾长，外侧尾羽具黑色横斑和深色的次端斑；雄鸟颈背绿色及淡紫色闪光；雌鸟无光，胸部深色斑纹浓重。栖息于海拔2000 m以上的山地森林中，有时也出现于林缘和山脚平原。常成群活动。主要以植物果实、种子和嫩芽为食。常营巢于林中树木的枝杈间或灌丛与竹丛间。我国分布于云南南部，为罕见留鸟；国外分布于缅甸、泰国、老挝、越南、马来西亚、印度尼西亚和文莱。

鸠鸽科 Columbidae
中国保护等级：II级
中国评估等级：无危（LC）
世界自然保护联盟（IUCN）评估等级：无危（LC）

绿翅金鸠
Chalcophaps indica

　　全长约24 cm；雄鸟前额和眉纹白色，头顶及后颈蓝灰色，头侧、颈和胸红褐色，上背和两翅覆羽翠绿色有金属光泽，肩部小覆羽具白色斑块，下背和腰黑色，具两道近白色横斑；尾上覆羽和尾羽蓝灰色具暗色端斑；下体紫褐色，下腹略染灰色；嘴和脚红色。雌鸟体色较暗。栖息于热带和南亚热带低海拔河谷地区的常绿阔叶林，以植物果实、种子等为食，也吃谷物及昆虫。在树上或竹丛间营巢。我国分布于西藏东南部、云南南部、广西、广东、海南、台湾；国外分布于南亚东部和东南亚。

鸠鸽科 Columbidae
中国评估等级：无危（LC）
世界自然保护联盟（IUCN）评估等级：无危（LC）

灰头绿鸠
Treron phayrei

  体长约26 cm，两性异色；嘴细全蓝灰色，无眼圈；额、脸和颈部亮黄绿色，头顶灰蓝色；雄鸟翼覆羽及上背绛紫色，胸部染橙红色；雌鸟胸部无橙红色，翅上覆羽暗绿色，中央尾羽绿色。栖息于海拔1500 m以下的热带雨林、次生林、灌木林中，在树上栖息和活动。主要以榕树果实为食，也吃其他植物的果实与种子。通常营巢于林间乔木或灌木枝杈上。我国分布于云南南部；国外分布于喜马拉雅山脉中段至中南半岛。

鸠鸽科 Columbidae
中国保护等级：II级
中国评估等级：近危（NT）
世界自然保护联盟（IUCN）评估等级：近危（NT）

厚嘴绿鸠
Treron curvirostra

　　体长约26 cm，体羽以橄榄绿色为主，眼周蓝绿色明显；雄鸟背和肩栗紫红色，翅上覆羽紫色，边缘具黄斑，外侧尾羽中央具黑色横斑，尾下覆羽肉桂色，嘴基两侧鲜红；雌鸟上体无栗紫红色，尾下覆羽皮黄。栖息于热带雨林和常绿阔叶林中，大多集小群活动，以植物果实等为食。我国分布于云南、海南、广西、香港；国外分布于喜马拉雅山脉东段、中南半岛、马来群岛。

鸠鸽科 Columbidae
中国保护等级：II级
中国评估等级：近危（NT）
世界自然保护联盟（IUCN）评估等级：无危（LC）

黄脚绿鸠
Treron phoenicopterus

体长约33 cm；体羽以橄榄绿色为主，额及颊绿黄色，脸侧及头顶灰色，上胸和颈黄橄榄色条带明显，尾偏绿，具宽大的深灰色端斑，下腹灰白色，脚黄色。栖息于丘陵及平原地带的常绿阔叶林及灌丛，尤其多见于榕树等野果丰富的树上。常单独或成对活动，主要以榕树的果实为食，也吃其他植物果实，有时吃玉米、谷粒等农作物种子和树木嫩芽等。营巢于树上。我国分布于云南西部及南部，为罕见留鸟；国外分布于南亚次大陆和中南半岛。

鸠鸽科 Columbidae
中国保护等级：II级
中国评估等级：近危（NT）
世界自然保护联盟（IUCN）评估等级：无危（LC）

325

针尾绿鸠
Treron apicauda

　　全长34～39 cm，体羽以橄榄绿色为主；后颈至上背有沾灰色的半环，大覆羽和飞羽黑色，具不连续的两道鲜亮翅斑，尾羽暗灰色，中央尾羽特别尖长；下体淡绿黄色，尾下覆羽沾红色；雄鸟尾更长，胸部橙棕黄色。多活动于山区的常绿阔叶林，食物主要为植物果实。我国分布于西藏、云南、四川、贵州和广西；国外分布于喜马拉雅山脉、中南半岛。

鸠鸽科 Columbidae
中国保护等级：II级
中国评估等级：近危（NT）
世界自然保护联盟（IUCN）评估等级：无危（LC）

楔尾绿鸠
Treron sphenurus

　　体长约33 cm，雄鸟上体黄绿色，头顶棕橙色；上背、肩部及翅上覆羽渲染栗红色，形成明显的块斑；尾呈楔形，最外侧两对尾羽具黑色次端斑；下体亮绿黄色，胸部绿橙黄色。雌鸟与雄鸟相似，但背及翅上无暗栗色羽区，前头和胸为黄绿色。栖息于海拔1400~3000 m的高山区阔叶林或针阔混交林中，以植物的果实等为食。在乔木上营巢。我国分布于西藏、四川、云南、贵州；国外分布于喜马拉雅山脉、中南半岛、苏门答腊岛、爪哇岛。

鸠鸽科 Columbidae
中国保护等级：II级
中国评估等级：近危（NT）
世界自然保护联盟（IUCN）评估等级：无危（LC）

327

红翅绿鸠
Treron sieboldii

　　体长约33 cm；眼周裸皮偏蓝；腹部近白色，腹部两侧及尾下覆羽具灰斑；雄鸟头顶橘黄，上背偏灰，翼覆羽绛紫色；雌鸟以绿色为主。栖息于海拔2000 m以下的山地针叶林和针阔叶混交林中，有时见于林缘旁耕地。常成小群或单独活动。主要以山樱桃、草莓等浆果为食，也吃其他植物的果实与种子。营巢于山沟或河谷边的树上。在我国分布于陕西、河北、四川、贵州、云南、广西、广东、香港、福建、台湾、海南；国外分布于日本、韩国、越南、泰国和老挝。

鸠鸽科 Columbidae
中国保护等级：II级
中国评估等级：无危（LC）
世界自然保护联盟（IUCN）评估等级：无危（LC）

328

绿皇鸠
Ducula aenea

　　体形大，体长40~47 cm。嘴大，头、颈、上背和下体淡蓝灰色，上体余部铜绿色并具金属光泽；尾下覆羽栗色；嘴铅褐色，端部象牙白色；脚暗紫红色或褐橙色。两性相似。栖息于热带雨林、季雨林或次生林中，也出现于村寨旁的大榕树上。多单个或成对活动，冬季则结群活动。以榕树等各种植物的果实为食，偶尔也吃昆虫。营巢于森林中的树木枝杈上。我国分布于云南、广东、海南；国外分布于南亚东部和东南亚。

鸠鸽科 Columbidae
中国保护等级：II级
中国评估等级：濒危（EN）
世界自然保护联盟（IUCN）评估等级：无危（LC）

山皇鸠
Ducula badia

　　全长约44 cm。头顶和头两侧浅灰，后颈淡紫红色；上体余部渐转为灰褐色；尾羽基部黑褐色，羽端灰褐色；颏、喉白色；尾下覆羽淡棕白色，下体余部淡粉红灰色；嘴和脚红色，嘴端近牙白色。两性相似。栖息于热带山区常绿阔叶林中，常结群活动。以各种野果为食。巢筑于深山密林的乔木上。国内分布于西藏、云南、海南；国外分布于喜马拉雅山脉东段、中南半岛、大巽他群岛。

鸠鸽科 Columbidae
中国保护等级：II级
中国评估等级：近危（NT）
世界自然保护联盟（IUCN）评估等级：无危（LC）

鹃形目
CUCULIFORMES

褐翅鸦鹃
Centropus sinensis

　　全长约48 cm，虹膜血红色；体羽黑色，带紫蓝色光泽；翅和背羽栗红色，翅下覆羽黑色；下体不及上体鲜亮，尾长，黑色。两性相似。栖息于疏林、稀树灌丛、林缘灌丛或稀树草坡、竹丛中，有时也见于农田耕地附近灌丛中。以昆虫、蚯蚓、软体动物等动物性食物为主。我国主要分布于云南、贵州、广西、海南、福建；国外分布于南亚和东南亚。

杜鹃科 Cuculidae
中国保护等级：II级
中国评估等级：无危（LC）
世界自然保护联盟（IUCN）评估等级：无危（LC）

小鸦鹃
Centropus bengalensis

　　体长约42 cm；上背及两翼的栗色较浅且呈现黑色，常见中间色型的体羽；与褐翅鸦鹃的区别在于体形稍小、色彩稍暗，尾稍短，上体有白色丝状羽，虹膜偏褐色，而褐翅鸦鹃虹膜呈血红色。喜山边灌木丛、沼泽地带及开阔的草地，包括高草。常栖地面，有时做短距离的飞行，我国分布于西南、华南和华东地区；国外分布于喜马拉雅山脉中段至中南半岛、马来群岛。

杜鹃科 Cuculidae
中国保护等级：II级
中国评估等级：无危（LC）
世界自然保护联盟（IUCN）评估等级：无危（LC）

绿嘴地鹃
Phaenicophaeus tristis

　　体长约55 cm；头及上背灰色，嘴粗壮，基部有须，眼周皮肤裸露、红色，下体褐灰色，喉及胸具深色箭状条纹，背、翼及尾深金属绿色，尾羽长，端斑白色；两趾向前，两趾向后。喜栖于原始林、次生林及人工林中枝叶稠密及藤条缠结处。林栖，像松鼠般在密林的树枝上活动。在我国分布于西藏、云南、广西、广东、海南；国外分布于尼泊尔、不丹、印度、印度尼西亚等地。

杜鹃科 Cuculidae
中国评估等级：无危（LC）
世界自然保护联盟（IUCN）评估等级：无危（LC）

红翅凤头鹃
Clamator coromandus

　　体长约38 cm；头具蓝黑色长形冠羽、后颈白色，喉和上胸浅橙棕色；两翅栗红色，腋羽浅橙棕色；背部和尾羽蓝黑色并具金属光泽，外侧尾羽具白色端斑；下胸和腹白色。两性相似。栖息于海拔1500 m以下开阔的山坡、山脚或平原地带的阔叶林中，亦见于村寨附近的乔木上。以昆虫等动物性食物为食，也吃部分植物果实。常将卵产于画眉、黑脸噪鹛等的巢中。我国分布于华东、华中、西南、华南、东南、西藏东南及海南；国外分布于印度、尼泊尔、不丹、孟加拉国、印度尼西亚和菲律宾等地。

杜鹃科 Cuculidae
中国评估等级：无危（LC）
世界自然保护联盟（IUCN）评估等级：无危（LC）

© Tong MeiXiu
World Bird Club 2012

斑翅凤头鹃
Clamator jacobinus

　　体羽黑白两色，上体黑色，下体白色；头黑，具凤头，初级飞羽基部具白色横带，尾端白色带甚宽。栖于落叶林、竹、灌丛。迁徙性极强。以小群活动。我国仅分布于西藏南部；国外分布于非洲中部及南部、南亚和东南亚东北部。

杜鹃科 Cuculidae
中国评估等级：无危（LC）
世界自然保护联盟（IUCN）评估等级：无危（LC）

338

噪鹃
Eudynamys scolopaceus

    体长约42 cm，虹膜红色；雄鸟通体亮蓝黑色，下体光泽不显著；雌鸟大多灰褐色，满布白色点斑，下体杂以横斑。栖息于山地和丘陵地带的密林中，或居民点附近树木茂盛的地方，隐蔽于大树顶层枝叶茂密的地方。鸣叫响亮清脆。除觅食昆虫外，亦食各种野果、种子等。自己不营巢和孵卵，卵寄生于椋鸟、喜鹊、蓝鹊等的巢中。我国分布于华北及其以南地区；国外分布于南亚、东南亚。

杜鹃科 Cuculidae
中国评估等级：无危（LC）
世界自然保护联盟（IUCN）评估等级：无危（LC）

339

翠金鹃
Chrysococcyx maculatus

体长约17 cm；雄鸟头、上体及胸亮绿色，腹部白色具绿色横条纹；雌鸟头顶及枕部棕色，上体铜绿，下体白色具深皮黄色横斑；飞行时翼下飞羽根部具一白色宽带。栖息于海拔1200 m以下的低地森林及次生林中。在鹟莺巢中寄生繁殖。我国繁殖于四川、湖北及贵州，在西藏、云南、海南、广西为留鸟；国外分布于南亚东部、东南亚。

杜鹃科 Cuculidae
中国评估等级：近危（NT）
世界自然保护联盟（IUCN）评估等级：无危（LC）

紫金鹃
Chrysococcyx xanthorhynchus

　　体长约16 cm；雄鸟头、胸及上体紫罗兰色，嘴黄色，基部红色，尾近黑色，端斑白色，腹部白色具绛紫色横条纹；雌鸟头顶偏褐色，眉纹及脸颊白色，嘴黑色，基部红色，上体余部铜绿色，下体白色具铜色条纹。生活于山林、平原树林以及灌木丛间，喜林缘、居民院落。捕食昆虫为食。我国分布于云南西南部；国外分布于南亚东北部、东南亚。

杜鹃科 Cuculidae
中国评估等级：近危（NT）
世界自然保护联盟（IUCN）评估等级：无危（LC）

八声杜鹃
Cacomantis merulinus

体长约21 cm；雄鸟头、颈、喉灰色，背及尾褐色，胸腹橙褐色。翅和尾羽黑灰色，羽缘具棕斑；雌鸟棕色型，胸、腹部白色，翅、背、胸、腹部具黑色条纹。喜开阔林地、次生林及农耕区，包括城镇村庄，多栖息于村边、果园、公园及庭院的树木上。叫声哀婉。营巢寄生。我国繁殖于西藏、四川、云南、广西、广东、福建、台湾，在海南为留鸟；国外分布于南亚、东南亚。

杜鹃科 Cuculidae
中国评估等级：无危（LC）
世界自然保护联盟（IUCN）评估等级：无危（LC）

乌鹃
Surniculus dicruroides

体长约23 cm；全身体羽亮黑色，仅腿白、尾下覆羽及外侧尾羽腹面具白色横斑，前胸隐见白色斑块。栖于林中、林缘及次生灌丛。性羞怯。以植物果实和各种浆果为食。国内分布于西藏、四川、云南、贵州、广西、福建、广东、海南；国外分布于南亚、东南亚。

杜鹃科 Cuculidae
中国评估等级：无危（LC）
世界自然保护联盟（IUCN）评估等级：无危（LC）

343

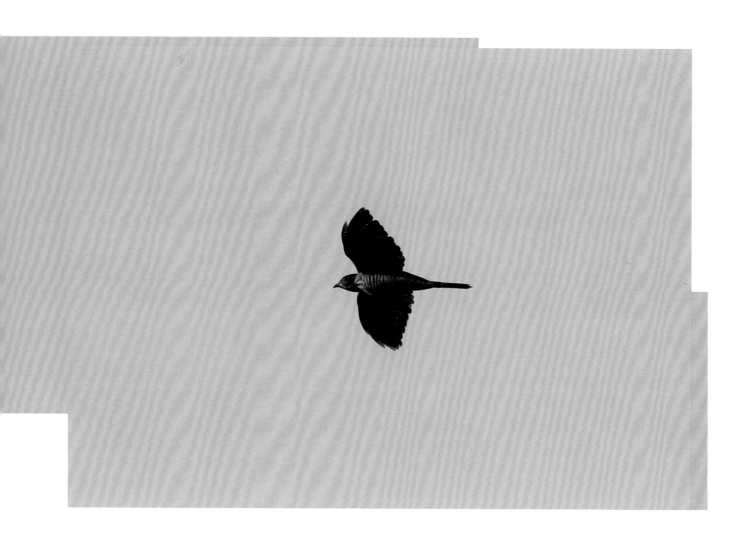

大鹰鹃
Hierococcyx sparverioides

　　体长约40 cm；上体灰褐色，头、后颈灰色，颏黑色；前颈白色，胸棕色，具白色及灰色斑纹；腹部具白色及褐色横斑而染棕；尾部次端斑棕红，尾端白色。喜开阔林地，平原林地，高至海拔1600 m。一般隐于树冠，食物以昆虫为主。寄生于喜鹊等鸟类巢中。我国分布于华北南部和秦岭以南广大地区；国外分布于南亚和东南亚。

杜鹃科 Cuculidae
中国评估等级：无危（LC）
世界自然保护联盟（IUCN）评估等级：无危（LC）

棕腹鹰鹃
Hierococcyx nisicolor

  体长约28 cm；头顶至后枕暗灰色，头侧淡灰色，额黑，喉白色，上体余部暗石板灰；两翅表面具暗红褐色的模糊横斑，尾羽灰褐色，具黑褐色横斑，羽端红棕色；胸和上腹染橙棕色，下腹近白。两性相似。栖息于常绿阔叶林、针叶林或稀树灌丛中，常单独活动，性隐蔽，常在高树上反复鸣叫。食物以鳞翅目等各种昆虫为主，也吃少量野果。我国分布于西南、华南、华东地区；国外分布于喜马拉雅山脉东段、中南半岛、大巽他群岛。

杜鹃科 Cuculidae
中国评估等级：无危（LC）
世界自然保护联盟（IUCN）评估等级：无危（LC）

小杜鹃
Cuculus poliocephalus

　　体长约26 cm；眼圈黄色，上体灰色，头、颈及上胸浅灰色；尾灰色，无横斑但端具白色窄边；下胸及下体余部白色具清晰的黑色横斑，臀部沾皮黄色；雌鸟似雄鸟但具棕红色变形，全身具黑色条纹。栖息于开阔、多树木的地方。多隐匿于茂密的叶簇中，营巢寄生。我国分布于东北南部、华北、华东、华中、华南和西南地区；国外分布于南亚、中南半岛北部、非洲中东部。

杜鹃科 Cuculidae
中国评估等级：无危（LC）
世界自然保护联盟（IUCN）评估等级：无危（LC）

四声杜鹃
Cuculus micropterus

全长约33 cm。头顶至后颈暗灰色，眼先、颊、喉、上胸淡灰色，上体余部浓褐色；下胸及腹白色具黑褐色横斑，横斑相距较宽，尾羽具宽阔的黑色次端斑和白斑，尾下覆羽白色。两性相似。栖息于山地森林或平原的树林中。活动隐蔽，鸣声轻快洪亮。以昆虫等动物性食物为食。卵寄孵于其他鸟类的巢中。国内分布于除新疆、西藏、青海以外的各地区；国外见于东北亚、南亚、东南亚。

杜鹃科 Cuculidae
中国评估等级：无危（LC）
世界自然保护联盟（IUCN）评估等级：无危（LC）

中杜鹃
Cuculus saturatus

　　全长约30 cm；上体青灰色；颏、喉、上胸灰色；下胸及腹白色，满布黑褐色横斑，斑距较稀疏，翅缘纯白而不具横斑。两性相似。栖息于茂密的山地森林。性较隐蔽而不常见，声音响亮，常闻其声而不见其身。以各种昆虫为食，尤其喜欢捕食毛虫。将卵寄于灰背燕尾、柳莺等鸟类的巢中。我国繁殖于东北北部和东部、华中、华东、华南和西南地区；国外分布于除西亚以外的亚洲、大洋洲部分地区。

杜鹃科 Cuculidae
中国评估等级：无危（LC）
世界自然保护联盟（IUCN）评估等级：无危（LC）

大杜鹃
Cuculus canorus

　　体长约30 cm。头侧、额、喉和上胸淡灰色；上体灰黑色，翅缘白色具暗色横斑；下体余部白色，密布细密狭窄的暗褐色横斑，尾羽黑色，具有白色端斑，尾下覆羽横斑最粗，间距宽。两性相似。栖息于山区树林、开阔的河谷地带或村寨附近树上。常单独或成对活动，叫声响亮。食物以鳞翅目昆虫的幼虫为主，也吃其他昆虫等小型无脊椎动物。卵寄孵于其他鸟巢中。我国夏季繁殖于除台湾、海南以外的大部分地区；国外分布于欧亚大陆、非洲大陆中部以南地区。

杜鹃科 Cuculidae
中国评估等级：无危（LC）
世界自然保护联盟（IUCN）评估等级：无危（LC）

349

鸮形目
STRIGIFORMES

黄嘴角鸮
Otus spilocephalus

　　体长约19 cm，面盘褐色，有暗色横斑，周围有黑褐色皱领，耳羽内侧黄色，外侧黑褐色，眼和嘴角黄色；上体棕褐色，有深暗褐和浅黄色细斑，翅上有白色肩带，尾羽有横斑；颏、喉棕黄，下体余部灰褐色，有暗褐色细纹。两性相似。栖息于常绿阔叶林中，白天躲藏在阴暗处或黑暗的洞穴中。晚间活动，以鞘翅目和膜翅目昆虫等小型动物为食。我国分布于西藏、云南、四川、广西、海南、广东、福建、台湾；国外分布于喜马拉雅山脉、中南半岛、大巽他群岛。

鸱鸮科 Strigidae
中国保护等级：II级
中国评估等级：近危（NT）
世界自然保护联盟（IUCN）评估等级：无危（LC）
濒危野生动植物种国际贸易公约（CITES）：附录II

领角鸮
Otus lettia

　　全长约22 cm。额和面盘近白色，缀以黑褐色细纹和点斑，后颈具淡黄色领斑；上体浅褐、杂暗褐色斑纹和黑色纵纹；下体灰白、密布浅褐色和黑褐色斑纹；尾下覆羽白色。两性相似。白天栖息于乔木树冠浓密枝叶间或阴暗的地方，夜间活动觅食，以昆虫等小型动物为食，有时也捕食鼠类。我国分布于华东、华中、华南和西南地区；国外分布于喜马拉雅山脉和中南半岛等地。

鸱鸮科 Strigidae
中国保护等级：II级
中国评估等级：无危（LC）
世界自然保护联盟（IUCN）评估等级：无危（LC）
濒危野生动植物种国际贸易公约（CITES）：附录II

红角鸮
Otus sunia

　　全长约19 cm。面盘沙黄色，杂白色和黑色斑纹，眉纹白色，颏白色，喉棕黄色，后枕两侧有耳羽簇，竖起时十分明显；上体棕黄色或褐色，满布暗褐色狭细的虫蠹状斑纹，胸部棕黄；下体几呈白色，具明显的黑色纵纹及不明显的暗褐色斑纹和白色块斑。两性相似。栖息于靠近水源的河谷阔叶林中，白天潜伏于枝叶茂密处，夜间出来活动。以昆虫、鼠类、小鸟为食。营巢于树洞或岩石缝隙中。国内分布于西南、东北、华北、华东、华南等地区；国外分布于东亚、南亚、东南亚。

鸱鸮科 Strigidae
中国保护等级：II级
中国评估等级：无危（LC）
世界自然保护联盟（IUCN）评估等次：无危（LC）
濒危野生动植物种国际贸易公约（CITES）：附录II

雕鸮
Bubo bubo

　　全长约80 cm。头顶两侧具明显的羽突似双角；喉白色；胸、两胁浅棕黄具黑褐色条纹。体羽大都为黄褐色，上体满布黑褐色斑；跗蹠被羽至趾端。两性相似。栖息于居民区、农田、果园、森林等生境中。夜行性。以小型啮齿类为食，偶尔也捕食兔及雉鸡等。营巢于岩崖。我国各地均有分布记录；国外广泛分布于欧亚大陆亚热带和温带地区。

鸱鸮科 Strigidae
中国保护等级：II级
中国评估等级：近危（NT）
世界自然保护联盟（IUCN）评估等级：无危（LC）
濒危野生动植物种国际贸易公约（CITES）：附录II

林雕鸮
Bubo nipalensis

    全长约63 cm。头顶具显著的耳羽簇，上体深褐色，杂白色或浅皮黄色斑纹；下体近白色，喉及胸具褐色斑；腹和尾下覆羽具半月状斑；脚全被羽；嘴黄色。两性相似。栖息于常绿阔叶林中。黄昏后活动。以小型爬行类、鸟类和鼠类为食。我国分布于云南、四川；国外分布于南亚次大陆、中南半岛。

鸱鸮科 Strigidae
中国保护等级：II级
中国评估等级：近危（NT）
世界自然保护联盟（IUCN）评估等级：无危（LC）
濒危野生动植物种国际贸易公约（CITES）：附录II

褐渔鸮
Ketupa zeylonensis

　　体长51~55 cm；嘴浅灰绿色，颏、喉、前额白色，具淡黑色纵纹，额、上背、头侧棕黄色，具黑色纵纹；下背至尾上覆羽色淡，具黑色羽干纹和淡棕白色横纹；下体黄白色或浅暗黄色，有黑色条纹和细波状横斑，尾暗色，有6条灰褐色横带斑；跗跖黄白色，仅前缘上端的1/4处被羽。栖息于开阔的林区水源附近，也出现于海岸、湖泊、鱼塘附近的森林或丛林。主要以鱼、蛙、水生昆虫等为食，也吃小型哺乳类、鸟类、蛇、蜥蜴。营巢于悬崖、岸边岩洞或树洞中，也利用鹰和其他鸟类旧巢。我国分布于湖北、广东、广西、海南和云南等地，均罕见；国外分布于亚洲中部、南部、东南部。

鸱鸮科　Strigidae
中国保护等级：II级
中国评估等级：濒危（EN）
世界自然保护联盟（IUCN）评估等级：无危（LC）
濒危野生动植物种国际贸易公约（CITES）：附录II

黄腿渔鸮
Ketupa flavipes

　　体长约60 cm，两性羽色相似；面盘棕红色、边缘黑色，嘴角黑色，眼黄色，眉纹黑色，耳羽簇大，具蓬松的白色喉斑；上体橙棕黄色，具醒目的深褐色纵纹，翼末端有棕白色，尾羽黑褐色，具橙棕色斑和端斑；下体棕色明快，脚大部无被羽，裸出部分和趾黄色，爪黑色。栖于山区茂密森林的溪流畔。嗜食鱼类，也吃蟹、蛙、蜥蜴和雉类。我国分布于西南、中部及南部大部地区，为罕见留鸟；国外见于喜马拉雅山脉中部以东和中南半岛。

鸱鸮科 Strigidae
中国保护等级：II级
中国评估等级：濒危（EN）
世界自然保护联盟（IUCN）评估等级：无危（LC）
濒危野生动植物种国际贸易公约（CITES）：附录II

褐林鸮
Strix leptogrammica

    体长46~51 cm；头顶褐色，无耳羽簇，面盘棕褐色，嘴角绿色，基部暗蓝色，眼周黑褐色，眉纹白色；上体棕褐色，上背中间杂以淡色细横斑，下体淡棕黄色，具褐色或淡褐色横纹；飞羽褐色，杂以白色横斑，尾羽暗褐色，端缘白色；爪紫褐色。栖息于茂密的山地森林，尤其是常绿阔叶林、混交林、林缘和竹林中。常单独或成对活动。傍晚和夜间活动，性机警。主要以鼠类、小鸟等为食，也吃蜥蜴、蛙和雉鸡、竹鸡等较大的鸟类。营巢于天然树洞和岩壁的洞穴中。我国分布于西南、华南和华东地区；国外分布于亚洲南部。

鸱鸮科 Strigidae
中国保护等级：II级
中国评估等级：近危（NT）
世界自然保护联盟（IUCN）评估等级：无危（LC）
濒危野生动植物种国际贸易公约（CITES）：附录II

灰林鸮
Strix nivicolum

　　体长约43 cm；头大而圆，面盘扁平，有一偏白的"V"形斑，无耳羽簇；通体具红褐色杂斑及棕纹，但也有偏灰个体；上体有白斑，下体白色，有褐色斑纹。栖息在落叶疏林或针叶林中，喜欢近水源的地方，也见于城市墓地、花园及公园。夜行性。在树洞营巢。捕猎啮齿类、兔子、鸟类、蚯蚓及甲虫等为食。我国分布于除西北外的大部分地区；国外分布于喜马拉雅山脉、中南半岛。

鸱鸮科 Strigidae
中国保护等级：II级
中国评估等级：近危（NT）
世界自然保护联盟（IUCN）评估等级：无危（LC）
濒危野生动植物种国际贸易公约（CITES）：附录II

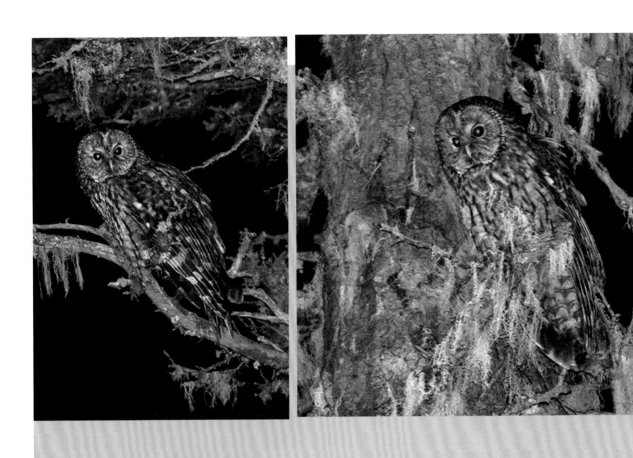

四川林鸮
Strix davidi

　　体长约54 cm，面盘灰色，有暗色圆纹，边缘色暗，喙黄色，无耳羽簇，体羽大多为浅灰色或灰褐色，杂有暗色斑；翼翅有白色点斑，飞羽和尾羽有暗色条纹；脚被羽具灰色或褐色横带，体色与树皮相似，有隐蔽作用。栖息于海拔2500 m以上的针叶林中，偶尔出现于林缘次生林和疏林地带。主要以鼠兔、甘肃仓鼠为食，也吃一些小型鸟类。我国特有种，仅分布于四川西部、甘肃南部。

鸱鸮科 Strigidae
中国保护等级：II级
中国评估等级：易危（VU）
世界自然保护联盟（IUCN）评估等级：无危（LC）
濒危野生动植物种国际贸易公约（CITES）：附录II

领鸺鹠
Glaucidium brodiei

全长约16 cm。上喉具暗色或棕红色横斑，后颈具浅棕黄或皮黄色领斑；上体褐色具皮黄色横斑；下体近白色，胸、腹部两侧具暗褐色或棕红色纵纹。两性相似。栖息于针阔混交林和常绿阔叶林中。食物以昆虫为主，有时也食鼠类及小鸟等。我国分布于西南、华中、华东等地；国外分布于喜马拉雅山脉、中南半岛、大巽他群岛。

鸱鸮科 Strigidae
中国保护等级：II级
中国评估等级：无危（LC）
世界自然保护联盟（IUCN）评估等级：无危（LC）
濒危野生动植物种国际贸易公约（CITES）：附录II

斑头鸺鹠
Glaucidium cuculoides

　　体长24 cm；因羽毛上遍具棕褐色横纹而又名横纹鸺鹠；头具白色点斑，脑后无假眼，无耳羽簇；白色的颏纹明显，下线为褐色和皮黄色。上体棕栗色而具赭色横斑，沿肩部有一道白色线条将上体断开；下体全褐，具赭色横斑；两胁栗色；尾羽有6道鲜明的白色横纹，端部白缘。栖息于从平原、低山丘陵到海拔2000 m左右的中山地带的阔叶林、混交林、次生林和林缘灌丛，也出现于村寨农田附近的疏林和树上。大多单独或成对活动。不但能飞扑地面上的鼠、蜥蜴和蛙类，也能像鹰、隼那样在空中追捕飞鸟和昆虫，对农林业有益。通常营巢于树洞或天然洞穴中。我国分布于西南、华中、华东和华南地区；国外分布于喜马拉雅山脉和中南半岛。

鸱鸮科 Strigidae
中国保护等级：II级
中国评估等级：无危（LC）
世界自然保护联盟（IUCN）评估等级：无危（LC）
濒危野生动植物种国际贸易公约（CITES）：附录II

363

纵纹腹小鸮
Athene noctua

　　全长约23 cm；头扁而小，无耳羽簇，面盘不明显，嘴角黄色，眼黄色，具明显的浅棕白色眉纹；上体褐色，散布白色斑纹，肩上有两道白色或皮黄色的横斑；下体棕白色，具浅棕褐色杂斑及纵纹；脚白色被羽。两性相似。栖息于开阔的疏林林缘、农田附近的乔木上，或高山草甸的岩石上，高可至海拔4600 m。主要通过等待和快速追击来捕猎食物，食物主要是鼠类和鞘翅目昆虫，也吃小鸟、蜥蜴、蛙等小型动物。常营巢于悬崖的缝隙、岩洞、废弃建筑物的洞穴等处。我国广布于北方及西部大部分地区；国外分布于欧亚大陆温带地区和非洲大陆北部。

鸱鸮科 Strigidae
中国保护等级：II级
中国评估等级：无危（LC）
世界自然保护联盟（IUCN）评估等级：无危（LC）
濒危野生动植物种国际贸易公约（CITES）：附录II

364

鹰鸮
Ninox scutulata

　　体长约30 cm；面庞上无明显特征，眼睛大；上体深褐色，下体皮黄色，具宽阔的红褐色纵纹；臀、颏及嘴基部具白色点斑。栖息于中低海拔山地阔叶林中，也见于灌丛地带。捕食昆虫、小鼠和小鸟等。在树洞中营巢。我国分布于西南和华南地区；国外分布于亚洲南部。

鸱鸮科 Strigidae
中国保护等级：II级
中国评估等级：近危（NT）
世界自然保护联盟（IUCN）评估等级：无危（LC）
濒危野生动植物种国际贸易公约（CITES）：附录II.

长耳鸮
Asio otus

体长约33 cm；头顶两侧各有一簇黑色杂以皮黄色斑纹的长羽，竖立呈耳状；面盘完整、呈棕黄色，边缘褐色和白色，嘴以上面庞中央部位具明显白色"X"形图案。上体棕黄色并密布褐色和白色斑点；下体棕黄色，杂以黑褐色纵纹和横斑。两性相似。栖息于针叶林、针阔混交林和阔叶林等各种类型的森林中，也见于林缘疏林、农田防护林和城市公园林地中。夜行性，黄昏开始活动，以小型啮齿类为食，也捕食小型鸟类。常利用乌鸦、喜鹊或其他猛禽的旧巢，有时也在树洞中营巢。我国各地均有分布；国外分布于非洲北部、欧亚大陆和北美大陆的温带及亚热带地区。

鸱鸮科 Strigidae
中国保护等级：II级
中国评估等级：无危（LC）
世界自然保护联盟（IUCN）评估等级：无危（LC）
濒危野生动植物种国际贸易公约（CITES）：附录II

短耳鸮
Asio flammeus

　　全长约37 cm；面盘完整，耳羽簇短小不明显，眼为光艳的黄色，眼圈暗色；上体棕黄，具黑褐色纵纹，翼长，初级飞羽基部具橘黄色斑；下体棕黄色，胸部有粗而显著的暗褐色纵纹，腹部纵纹较细；跗跖及趾全被羽。两性相似。栖息于稀树灌丛、草丛中，也见于农田、沼泽地等生境。多在黄昏和晚上活动和猎食，食物主要为鼠类，也捕食小鸟、蜥蜴及昆虫，偶尔也吃植物果实和种子。营巢于沼泽附近的地面草丛中或朽木洞中。我国各地均有分布；国外分布于欧亚大陆、美洲大陆和非洲大陆北部。

鸱鸮科 Strigidae
中国保护等级：II级
中国评估等级：近危（NT）
世界自然保护联盟（IUCN）评估等级：无危（LC）
濒危野生动植物种国际贸易公约（CITES）：附录II

367

仓鸮
Tyto alba

体长34~39 cm；头大而圆，面盘白色、心形，四周皱领橙黄色；上体浅灰色或橙黄色，有精细的黑色和白色斑点；下体黄白色，密布暗褐色斑点；尾羽有4条黑色横斑。栖息于开阔的低山、丘陵以及农田、城镇和村庄附近森林中，喜欢躲藏在废墟、树洞、岩缝和农家谷仓里。黄昏和晚上活动。主要以鼠类为食，也捕猎中小型鸟类、青蛙和昆虫。我国分布于云南、广西；国外除南极大陆外其他大陆均有分布。

草鸮科 Tytonidae
中国保护等级：II级
中国评估等级：近危（NT）
世界自然保护联盟（IUCN）评估等级：无危（LC）
濒危野生动植物种国际贸易公约（CITES）：附录II

草鸮
Tyto longimembris

　　体长35~46 cm；面盘心形，呈浅灰棕红色；上体暗褐色，散布棕黄色斑块及白色点斑；飞羽棕黄，具暗褐色横斑及白色端斑；中央尾羽棕黄色，具黑褐色横斑；下体浅棕白或棕黄色，散布暗褐色细小点斑；嘴黄褐色，爪黑褐色。栖息于山坡草地及居民区农田附近的灌木草丛中，也停歇于树上。多在黄昏或夜晚活动。主要以鼠类为食，有时也捕食蛙、蛇、麻雀及其他小鸟。在隐蔽的草丛中营巢。我国分布于华北和长江以南地区；国外分布于印度、孟加拉国、缅甸、泰国、越南、印度尼西亚、菲律宾、澳大利亚。

草鸮科 Tytonidae
中国保护等级：Ⅱ级
中国评估等级：数据缺乏（DD）
世界自然保护联盟（IUCN）评估等级：无危（LC）
濒危野生动植物种国际贸易公约（CITES）：附录Ⅱ

栗鸮
Phodilus badius

　　体长约27 cm，上体栗色具黑白点斑，脸近粉色，乌黑闪亮的大眼格外醒目；下体皮黄色偏粉具黑点。栖息于山地常绿阔叶林、针叶林和次生林中。主要以鼠类、小鸟、蜥蜴、蛙、昆虫等动物性食物为食。以夜间及黄昏、黎明活动为主。营巢于树洞中或者腐朽的树桩内。我国分布于云南、海南、广西；国外分布于喜马拉雅山脉东段、中南半岛、马来群岛。

草鸮科 Tytonidae
中国保护等级：II级
中国评估等级：近危（NT）
世界自然保护联盟（IUCN）评估等级：无危（LC）
濒危野生动植物种国际贸易公约（CITES）：附录II

夜鹰目
CAPRIMULGIFORMES

黑顶蛙嘴夜鹰
Batrachostomus hodgsoni

　　体长约24 cm，全身褐色、黑色及白色斑驳；嘴角巨阔，浅褐色的双眼凝神。体羽为似树皮样的保护色图案。雌鸟较雄鸟多棕色，喉胸部有一大形斑块，少斑驳图案。栖于常绿林及灌木丛，高可至海拔1900 m。以昆虫为主要食物。我国罕见留鸟，见于云南西南部、西藏东南部；国外分布于南亚东北部、东南亚北部。

蛙口夜鹰科 Podargidae
中国评估等级：数据缺乏（DD）
世界自然保护联盟（IUCN）评估等级：无危（LC）

普通夜鹰
Caprimulgus jotaka

　　体长约28 cm；嘴扁平黑色，喉具白斑；上体灰褐色，有黑褐色和白色虫蠹斑；雄鸟无颈圈，外侧4对尾羽具白色斑纹，飞翔时尤为明显；雌鸟似雄鸟，但白色块斑呈皮黄色。栖息于开阔的阔叶林、针阔混交林。嗜食昆虫。黄昏活动最为活跃。休息时，身体主轴与树枝平行，伏贴在树上，故有"贴树皮"之称，在树枝上很难发现。我国分布于除新疆、青海以外的各地；国外分布于南亚、东南亚等地。

夜鹰科 Caprimulgidae
中国评估等级：无危（LC）
世界自然保护联盟（IUCN）评估等级：无危（LC）

375

长尾夜鹰
Caprimulgus macrurus

体长约30 cm，全身灰褐色，具虫蠹斑；头顶有一条黑带、脸棕红色，喉具白斑；初级飞羽中部具明显的白色块斑，两对外侧尾羽的羽尖上有宽阔的白色；雌鸟相应部位的翅斑为皮黄色。常见于上至海拔1200 m的山地丘陵及山间平原的林缘及多树的城区郊野。食物以大型昆虫为主。我国分布于云南、海南等地；国外分布于亚洲南部和大洋洲。

夜鹰科 Caprimulgidae
中国评估等级：数据缺乏（DD）
世界自然保护联盟（IUCN）评估等级：无危（LC）

林夜鹰
Caprimulgus affinis

　　体长约22 cm；雄鸟白色喉带分裂成两块斑，翅内侧具白斑，外侧尾羽白色，端部黑色；雌鸟多棕色，尾羽无白色。见于热带低地开阔干燥的海滨和城市。白日栖身地面，或城市建筑物顶部。以昆虫为食。我国见于云南东南部、广西南部、广东、香港、澳门、福建、台湾；国外分布于南亚、东南亚。

夜鹰科 Caprimulgidae
中国评估等级：数据缺乏（DD）
世界自然保护联盟（IUCN）评估等级：无危（LC）

377

凤头雨燕
Hemiprocne coronata

　　全长21~25 cm；前额具耸立的羽冠，闪绿色光泽；雄鸟颊棕栗色，颏、喉栗色；上体蓝灰色，翅暗蓝灰绿色，具金属光泽，胸污褐色，向后渐转浅灰色；腹部和尾下覆羽近白色，尾长并呈深叉状；雌鸟颏、喉和脸侧灰色。栖息于热带地区低海拔的开阔河谷地带。以蚊、蛾等飞行性昆虫为食。我国分布于云南，为留鸟；我国分布于西藏、云南；国外分布于南亚次大陆、中南半岛。

凤头雨燕科 Hemiprocnidae
中国保护等级：II级
中国评估等级：无危（LC）
世界自然保护联盟（IUCN）评估等级：无危（LC）

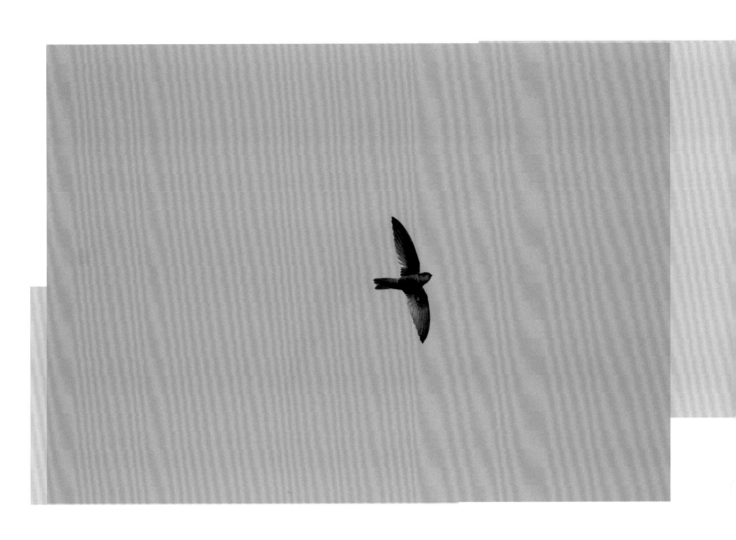

短嘴金丝燕
Aerodramus brevirostris

　　体长约13 cm；上体包括翅和尾羽黑褐色，略闪金属光泽；下背和腰颜色较浅；下体灰褐色，具暗褐色细纹；尾呈叉状。两性相似。栖息于多岩的山区，喜群居。食物以蚊蝇等昆虫为主。在悬崖峭壁或岩洞的凹处营巢。我国分布于西藏东南部、云南、四川、贵州、广西、湖北、湖南；国外分布于喜马拉雅山脉、中南半岛西部。

雨燕科 Apodidae
中国评估等级：近危（NT）
世界自然保护联盟（IUCN）评估等级：无危（LC）

白喉针尾雨燕
Hirundapus caudacutus

　　全长约21 cm。头顶、翅和尾羽均呈亮黑色，并闪蓝绿色光泽；颏、喉部和尾下覆羽白色；肩羽、背和腰浅褐色；胸、腹部暗褐色；尾短，平尾形。多栖息在海拔1800~2000 m的岩壁等处，常成群在草地、河谷、峡谷和山地草原等开阔地上空飞行捕食昆虫。巢多筑于陡壁上。在我国东北北部和东部为繁殖鸟，云南、四川、青海、西藏、台湾为留鸟，东部和南部为旅鸟；国外在亚洲北部和东北部为繁殖鸟，喜马拉雅山脉为留鸟，巴布亚新几内亚和澳大利亚为越冬鸟。

雨燕科 Apodidae
中国评估等级：无危（LC）
世界自然保护联盟（IUCN）评估等级：无危（LC）

灰喉针尾雨燕
Hirundapus cochinchinensis

　　体长约18 cm；额及喉偏灰色，眼线无白色，背上的马鞍形斑、腰及略显短钝的针尾浅褐色，三级飞羽无白色块斑，尾下覆羽白色；嘴黑色，脚暗紫色。习性似白喉针尾雨燕，主要栖息在亚热带或热带潮湿低地森林。我国分布于西藏东南部、云南南部、台湾、海南；国外分布于喜马拉雅山脉东段、中南半岛、苏门答腊岛、爪哇岛。

雨燕科 Apodidae
中国保护等级：II级
中国评估等级：无危（LC）
世界自然保护联盟（IUCN）评估等级：无危（LC）

棕雨燕
Cypsiurus balasiensis

体长约11 cm；身体纤小，全身深褐色，腹部色浅，两翼较大而窄，尾部叉开。以棕榈树作为营巢及歇息地点，巢紧贴于棕榈树的叶下。我国见于云南、海南有高大棕榈树的热带区域；国外分布于南亚、东南亚。

雨燕科 Apodidae
中国评估等级：无危（LC）
世界自然保护联盟（IUCN）评估等级：无危（LC）

382

普通雨燕
Apus apus

　　体长约21 cm；全身除颈和喉污白色外，都为黑褐色；白色的喉及胸部被一道深褐色横带所隔开；两翼长，飞时向后弯曲如镰刀，尾略叉开。栖于多山地区。因腿短无力，只能从悬崖或高楼上先跌落俯冲后才能飞起，须在高处筑巢才能生存。我国主要见于北方地区和西藏西南部；国外在欧洲中部和亚洲中部繁殖，在非洲越冬。

雨燕科 Apodidae
中国评估等级：无危（LC）
世界自然保护联盟（IUCN）评估等级：无危（LC）

383

白腰雨燕
Apus pacificus

　　体长约18 cm；颏偏白，因腰上有白斑而得名，尾长而尾叉深。因雨天常在高空中不停地绕圈环飞而被通称为雨燕。成群活动于开阔地区。密集营巢于岩隙或山洞内，巢以杂草、水藻等混着口涎做成杯状。指名亚种繁殖于中国东北、华北、华东及西藏、青海，迁徙时见于南方大部分地区及新疆西北部，华南亚种繁殖于华中、西南、华南、东南地区；国外繁殖于亚洲北部和东部，经中南半岛迁徙至印度尼西亚、澳大利亚等地越冬。

雨燕科 Apodidae
中国评估等级：无危（LC）
世界自然保护联盟（IUCN）评估等级：无危（LC）

小白腰雨燕
Apus nipalensis

体长约15 cm；额、头暗褐色，颏、喉污白色；两翅暗褐色，背、覆羽和尾羽亮黑褐色，有明显的白色腰带；下体余部黑褐色，胸和腹具金属光泽；尾为凹形。两性相似，雌鸟羽色稍暗。栖息于开阔林区、建筑物、石壁、居民区至高山密林、洞穴等多种生境，捕食昆虫等。我国主要分布于西南和华南地区；国外分布于南亚东北部、东南亚、东亚。

雨燕科 Apodidae
中国评估等级：无危（LC）
世界自然保护联盟（IUCN）评估等级：无危（LC）

385

咬鹃目
TROGONIFORMES

橙胸咬鹃
Harpactes oreskios

　　雄鸟头和颈橄榄黄色，眼周皮肤裸露青蓝色，嘴短粗，黑褐色，颏、喉和前颈橄榄黄色；背部栗色，翅上覆羽有细窄而密的黑白色相间纹，下胸橙红色，下体余部橙黄色；尾部一对中央尾羽栗色，尖端黑色，3对外侧羽基部黑色，端部白色，其余2对尾羽黑色；腿和趾铅灰色，适于攀缘；雌鸟翅上覆羽横斑为棕色，下体鲜黄色。栖息于海拔600~1500 m的低山常绿阔叶林、竹林和疏林中。食物主要为昆虫，也吃蜗牛等小型无脊椎动物和植物果实与种子等。我国分布于云南南部和广西；国外分布于中南半岛、大巽他群岛。

咬鹃科 Trogonidae
中国保护等级：II级
中国评估等级：近危（NT）
世界自然保护联盟（IUCN）评估等级：无危（LC）

红头咬鹃
Harpactes erythrocephalus

全长约35 cm。雄鸟头、颈及胸暗红，胸部具一狭窄的白色胸带；上体余部锈褐色，两翅黑褐，杂有狭窄的白色横斑；腹及尾下覆羽鲜绯红；中央尾羽栗色，具黑色端斑，外侧尾羽黑褐，最外侧3对尾羽具白色端斑。雌鸟头、颈、背、腰、喉、胸均锈褐色，翅上横斑棕黄色。栖息于热带雨林和常绿阔叶林中，也见于茂密的次生阔叶林或竹林中，常单个或成对活动。食物以昆虫等动物性食物为主，也取食植物果实、种子等。我国主要分布于西南和华南地区；国外分布于喜马拉雅山脉中段至中南半岛、苏门答腊岛。

咬鹃科 Trogonidae
中国评估等级：近危（NT）
世界自然保护联盟（IUCN）评估等级：无危（LC）

佛法僧目
CORACIIFORMES

蓝须蜂虎
Nyctyornis athertoni

    体长约30 cm，额、喉、胸均呈碧蓝色，上体、尾部绿色沾蓝色，腹部棕黄色具灰绿色纵纹。尾下覆羽棕黄色。冬季换羽后，头顶、背、肩部及喉侧均无蓝色沾染，上体仅额部有蓝色。喜栖息于山地热带雨林的高大乔木上。主要以昆虫为食。我国分布于西藏、云南；国外分布于南亚次大陆东部和中南半岛。

蜂虎科 Meropidae
中国评估等级：易危（VU）
世界自然保护联盟（IUCN）评估等级：无危（LC）

绿喉蜂虎
Merops orientalis

　　体长约20 cm；头顶及枕部铜黄色，喉及脸侧淡蓝色，前领黑色；尾及腹部绿色，尾形延长。栖息于平原、低山到2000 m左右中山地带的林缘疏林、竹林、稀树草坡，也出现于城镇公园和果园。常单个或成小群活动。主要以各种昆虫为食。留鸟，我国见于云南南部；国外分布于南亚次大陆和中南半岛。

蜂虎科 Meropidae
中国保护等级：II级
中国评估等级：近危（NT）
世界自然保护联盟（IUCN）评估等级：无危（LC）

393

栗喉蜂虎
Merops philippinus

　　全长约28 cm；黑色的过眼纹上下均蓝色，头至背部黄绿，颏及上喉鲜黄色，下喉至上胸栗红色；腰至尾羽蓝色；下胸至腹淡黄绿色，下腹以下浅蓝色；胁及翅下覆羽棕黄色。两性相似。常见于海拔1200 m以下的江河、湖泊、水库等水域附近的树林中。多集大群活动，喜在飞行时捕食各种昆虫。我国分布于西藏、云南、四川、广西、广东、海南；国外分布于南亚、东南亚。

蜂虎科 Meropidae
中国评估等级：无危（LC）
世界自然保护联盟（IUCN）评估等级：无危（LC）

蓝喉蜂虎
Merops viridis

　　全长约28 cm；头顶及上背巧克力色，过眼线黑色，喉蓝色，翼蓝绿色，腰及尾浅蓝，下体浅绿色。常见于开阔原野及林地的低洼处。喜食蜻蜓和蜜蜂等昆虫。我国分布于云南、广西、广东、香港、海南、湖南、湖北、江西、浙江、福建、河南；国外分布于东南亚。

蜂虎科 Meropidae
中国评估等级：无危（LC）
世界自然保护联盟（IUCN）评估等级：无危（LC）

395

栗头蜂虎
Merops leschenaulti

　　体长约20 cm；头顶、枕及上背亮栗色，贯眼纹黑色，喉黄而喉下有一栗色带斑，黑色前领纹过上颊；两翼及尾绿色，腰艳蓝色，腹部浅绿色，飞行时翼下可见橙黄色，中央尾羽不延长。常见于开阔的林地，飞翔于林缘开阔地或河边阔叶林上空，或栖息于树顶层的无叶枝丫或枯枝上。主要以蜂类等昆虫为食。繁殖期选取河谷两岸壁几乎近水平面的位置营巢，若窝被水淹，会到干涸河谷崖壁再做一巢洞。我国分布于西藏东南部、云南西部，为繁殖鸟；国外分布于南亚、东南亚。

蜂虎科 Meropidae
中国保护等级：II级
中国评估等级：无危（LC）
世界自然保护联盟（IUCN）评估等级：无危（LC）

棕胸佛法僧
Coracias affinis

全长约33 cm；头顶及枕铜绿色，额至上腹棕褐色，并渲染紫蓝色；背、两肩及内侧飞羽褐色，腰及较短的尾上覆羽亮蓝色，飞羽浅蓝色和紫蓝色相间，下腹和尾下覆羽淡蓝色；中央尾羽褐色，外侧尾羽基部紫蓝色，先端淡蓝。两性相似。栖息于开阔的疏林或农田地带。以昆虫等为食，也取食小蛇、植物果实等。我国分布于西藏、云南、四川；国外分布于喜马拉雅山脉东段、中南半岛。

佛法僧科 Coraciidae
中国评估等级：近危（NT）
世界自然保护联盟（IUCN）评估等级：无危（LC）

397

蓝胸佛法僧
Coracias garrulus

体长约30 cm；头、下体及前翼为明快的天蓝色，飞羽黑，上背、背及三级飞羽粉棕色。从栖木上俯冲下来捕食昆虫。我国分布于新疆西北部和西部、西藏西部；国外分布于欧洲、非洲、中亚、西亚。

佛法僧科 Coraciidae
中国评估等级：近危（NT）
世界自然保护联盟（IUCN）评估等级：无危（LC）

三宝鸟
Eurystomus orientalis

　　全长约28 cm。头顶、头侧及颈暗褐、颏、喉暗褐；上体余部包括翅上覆羽暗蓝绿色，闪金属光泽，飞羽紫蓝，具一大型浅蓝色翅斑；下体余部蓝绿色；尾羽黑褐色，闪紫色光泽；嘴和脚橙红色。两性相似。栖息于开阔的林地中，也见于农田附近乔木树冠上。以各种昆虫为食物。我国分布于东北、华北、华中、华南和西南；国外分布于东亚、东南亚和大洋洲。

佛法僧科 Coraciidae
中国评估等级：无危（LC）
世界自然保护联盟（IUCN）评估等级：无危（LC）

鹳嘴翡翠
Pelargopsis capensis

　　全长约37 cm；头顶和头侧土褐色，嘴大红色，眼先黑色，颈侧和后颈棕黄色；上体余部包括两翅及尾蓝绿色，背、腰及尾上覆羽较浅淡；下体棕黄色，脚红色。两性相似。栖息于河流、溪流、沼泽及其附近的乔木、灌丛中，多单独活动，以鱼等水生动物为食。我国仅记录于云南；国外分布于南亚、东南亚。

翠鸟科 Alcedinidae
中国保护等级：II级
中国评估等级：数据缺乏（DD）
世界自然保护联盟（IUCN）评估等级：无危（LC）

400

赤翡翠
Halcyon coromanda

　　体长约25 cm；前颈、胸、腹和尾下覆羽赤黄色，前颈和胸较深，腹部较浅；上体为鲜亮的棕紫色，腰浅蓝色，下体棕色。栖于各种环境，从海平面到1800 m的高度，沼泽森林、红树林、林中溪流、水塘、湿地和平原都有其踪迹。主食昆虫，也食其他小型节肢动物、小蜗牛和蜥蜴。在地面或河岸打洞筑巢，也在离地面3 m以上的树洞营巢。我国分布于云南南部、西藏东南部、吉林长白山，越冬于北纬33°以南的东部沿海地区；国外分布于东亚、南亚、东南亚。

翠鸟科 Alcedinidae
中国评估等级：数据缺乏（DD）
世界自然保护联盟（IUCN）评估等级：无危（LC）

白胸翡翠
Halcyon smyrnensis

体长约27 cm；颏、喉及胸部白色，头、颈及下体余部褐色，上背、翼及尾亮蓝色；翼上覆羽上部及翼端黑色。栖息于河流、稻田沟渠、稀疏丛林、城市花园、鱼塘和海滩，在平原和海拔1500 m的高度均有分布。主要食物是无脊椎动物，如蟋蟀、蜘蛛、蝎子和蜗牛，也吃小鱼、小蛇、蜥蜴及小鸟。营巢于土崖壁上或河流的堤坝上，用嘴挖掘隧道式的洞穴做巢。我国分布于云南、广西、海南、广东；国外分布于西亚、南亚和东南亚。

翠鸟科 Alcedinidae
中国评估等级：无危（LC）
世界自然保护联盟（IUCN）评估等级：无危（LC）

蓝翡翠
Halcyon pileata

全长约28 cm；头顶、颈及头侧黑色，颏、喉、胸及颈侧白色，并延至后颈形成一白色领环；上体余部深蓝色，翅上覆羽及飞羽端部黑色，初级飞羽基部白色或浅蓝色；下体余部锈红色；嘴、跗跖及趾均橘红色。两性相似。栖息于江河、溪流、湖泊、水塘及稻田等地。多单独活动。以各种昆虫等小型动物为食。我国分布于东北、华北、华中、华东、华南和西南地区；国外分布于朝鲜半岛、亚洲南部。

翠鸟科 Alcedinidae
中国评估等级：无危（LC）
世界自然保护联盟（IUCN）评估等级：无危（LC）

蓝耳翠鸟
Alcedo meninting

体长约15 cm；上体亮蓝色，下体鲜栗色，脚红色。外形似普通翠鸟，耳羽为蓝色，颈侧具白色斑块。主要栖息于海拔1500 m以下的常绿阔叶林中的河流边，尤其是森林茂密而水生动物丰富的林中水域附近。喜欢栖息于岸边低树枝或在岩石上寻鱼，然后入水捕之。营巢于林中河流岸边的石崖上。我国仅分布于云南勐腊；国外分布于亚洲南部。

翠鸟科 Alcedinidae
中国保护等级：II级
中国评估等级：无危（LC）
世界自然保护联盟（IUCN）评估等级：无危（LC）

普通翠鸟
Alcedo atthis

　　全长约16 cm；眼先及贯眼纹黑色，额侧、耳后羽棕色，颈侧具白斑，下嘴基部至喉侧有一宽阔的蓝绿色并缀以暗褐色横斑的颧纹，颏、喉白色；上体和翅蓝绿色，背部中央亮钴蓝色；下体余部棕红色；尾羽暗蓝色。两性相似。栖息于江河、溪流、湖泊及池塘岸边的树枝及岩石上或稻田边。主要以小鱼、虾、甲壳类及水生昆虫为食物。我国各省区皆有分布；国外广布于欧亚大陆暖温带至热带地区以及马来群岛。

翠鸟科 Alcedinidae
中国评估等级：无危（LC）
世界自然保护联盟（IUCN）评估等级：无危（LC）

斑头大翠鸟
Alcedo hercules

　　体长约23 cm；喙直而粗壮，黑色；头、耳羽和枕部均为黑色，具亮蓝色横斑；眼前有一小黄斑，颏、喉部白色，颈侧耳羽后有一白色横斑；背部羽毛呈美丽的亮蓝色，小覆羽和中覆羽均具蓝色亮斑；下体棕栗色；雌鸟下嘴基部为红色。主要栖息在海拔1200 m以下的森林河流地带，喜停落于岩石或者树枝上。我国主要分布于云南南部、江西、福建、广东、广西、海南；国外见于印度、不丹、缅甸、泰国、老挝、越南。

翠鸟科 Alcedinidae
中国评估等级：易危（VU）
世界自然保护联盟（IUCN）评估等级：易危（NT）

406

三趾翠鸟
Ceyx erithaca

  全长约13 cm。头顶和后颈以及腰至尾羽橙棕色，渲染蓝色光泽、眼先黑色，耳羽及两颊橙棕黄色，颈侧具白斑，白斑上方为一紫蓝黑色斑，额白，喉浅鲜黄；上背、肩羽及两翅表面黑褐色；下体余部橙棕黄色。两性相似。栖息于热带阔叶林河流和溪流边，食物以鱼虾等水生动物为主。国内分布于云南、海南；国外分布于亚洲南部。

翠鸟科 Alcedinidae
中国评估等级：数据缺乏（DD）
世界自然保护联盟（IUCN）评估等级：无危（LC）

407

冠鱼狗
Megaceryle lugubris

　　体长约41 cm；冠羽发达，没有白色眉纹，上体包括冠羽青黑色并具白色横斑和点斑。有大块白斑由颊区延至颈侧，下有黑色髭纹；下体白色，具黑色胸部斑纹，两胁具皮黄色横斑。雄鸟翼线白色，雌鸟黄棕色。栖息于山麓、小山丘或平原森林河溪、溪涧、湖泊以及灌溉渠等水域的灌丛或疏林。停于水边矮树近水面的低枝或岩石上静观水中游鱼，一旦发现机会，立刻俯冲入水捕获，然后飞至树枝上吞食。主要猎取鱼类，也食虾、蟹、水生昆虫及蝌蚪等。我国分布于华北、华东、华中、华南和西南地区；国外分布于喜马拉雅山脉、中南半岛北部。

翠鸟科 Alcedinidae
中国评估等级：无危（LC）
世界自然保护联盟（IUCN）评估等级：无危（LC）

斑鱼狗
Ceryle rudis

　　体长约27 cm，与冠鱼狗的区别在于体形较小，冠羽较小，具白色眉纹；上体黑而具白点，初级飞羽及尾羽基白而稍黑；下体白色，上胸具黑色宽阔条带，其下具狭窄黑斑；雌鸟胸带不如雄鸟宽。栖息于湿地、池塘、水库、湖泊、河流、稻田和沼泽，也生活在淤河口、沿海环礁湖和红树林。常集群活动。主要捕食鱼类，兼吃甲壳类、水生昆虫、小型蛙类和水生植物。我国分布于华东、华中、华南和西南；国外分布于地中海东部地区、南亚次大陆、中南半岛、非洲中部以南。

翠鸟科 Alcedinidae
中国评估等级：无危（LC）
世界自然保护联盟（IUCN）评估等级：无危（LC）

犀鸟目
BUCEROTIFORMES

白喉犀鸟
Anorrhinus austeni

　　体长约70 cm；上嘴脊部前端有一个小型盔突，雄鸟的黄色，雌鸟的暗褐色；眼周裸皮蓝色，嘴暗黄色；初级飞羽和外侧尾羽羽端白。雄鸟喉近白，下体棕色；前额、头顶、枕部灰褐色，具棕色的羽缘和白色羽轴纹；枕部的冠纹为橄榄灰色，具白色纵纹；背部、肩部、腰部和尾上覆羽以及翅膀为暗褐色，尾上覆羽的尖端为棕色，中央尾羽与背部的颜色相同，具有窄的白色尖端，外侧尾羽为黑色，具有铜绿色的光泽和白色尖端。初级飞羽具绿色光泽，内侧中部为皮黄色，在翅膀上形成皮黄色斑。栖于热带雨林中。我国仅见于云南西双版纳和西藏东南部；国外分布于中南半岛。

犀鸟科 Bucerotidae
中国保护等级：II级
中国评估等级：易危（VU）
世界自然保护联盟（IUCN）评估等级：近危（NT）
濒危野生动植物种国际贸易公约（CITES）：附录II

棕颈犀鸟
Aceros nipalensis

　　全长约120 cm。嘴象牙黄色，上嘴无明显盔突而具黑色斜形凹纹；眼先裸皮蓝色，喉囊红色。背和翼黑色，具绿色光泽；初级飞羽先端白色，尾羽黑褐色具绿光泽，后半段白色；脚为带棕或绿的黑色。雄鸟头部、颈、胸和腹部棕红色，而雌鸟为黑色。典型的热带留鸟，栖息于海拔600～1800 m的山地常绿阔叶林中。利用大树洞营巢，雌鸟孵卵，常成对或10多只集结成小群活动。主要以榕树果等肉质野果为食。我国分布于云南南部、西藏东南部；国外分布于不丹、印度、缅甸、泰国、越南、老挝。

犀鸟科 Bucerotidae
中国保护等级：Ⅱ级
中国评估等级：极危（CR）
世界自然保护联盟（IUCN）评估等级：易危（VU）
濒危野生动植物种国际贸易公约（CITES）：附录I

413

冠斑犀鸟
Anthracoceros albirostris

体长约77 cm。喙大，约占体长的1/5，上嘴的盔突较大，象牙黄色，具一大块黑斑，眼下方有一小块白斑；全身除腹、尾下覆羽及覆腿羽白色，飞羽和外侧尾羽具白色端斑外，余部均为黑色，闪铜绿色金属光泽。两性相似，但雌鸟体形稍小，上嘴上部及先端、嘴缘黑色。喜欢在热带和亚热带常绿阔叶林边缘活动，也见于开阔的低海拔次生林和农场等生境中。取食水果，也捕食昆虫、小型鸟类和啮齿类。在高大乔木树洞中营巢，孵化和育雏期间，洞口用泥封住，雌鸟在洞内孵化育雏，雄鸟在外觅食喂养。我国分布于云南、西藏和广西等地；国外分布于南亚北部、东南亚。

犀鸟科 Bucerotidae
中国保护等级：II级
中国评估等级：极危（CR）
世界自然保护联盟（IUCN）评估等级：无危（LC）
濒危野生动植物种国际贸易公约（CITES）：附录II

双角犀鸟
Buceros bicornis

　　全长约125 cm；雄鸟嘴及盔突大，牙黄色，盔突前端及后端具黑色块斑，前缘中央凹陷呈双角状；体羽大多黑色，仅颈、尾上和尾下覆羽、尾羽、下腹白色；翅具黄白色横斑，飞羽末梢多白色；尾羽具一宽阔的黑色横斑。雌鸟体形略小，盔突前端及后端不具黑色块斑。栖息于热带常绿阔叶林中，常成对活动。分布在连续的原始常绿阔叶林中。主要取食水果，偶尔取食花朵、嫩芽，也取食较大的昆虫、节肢动物，偶尔捕食小型爬行动物、鸟类和兽类。在高大树木的天然树洞中营巢，孵卵和育雏期雌鸟会将洞口封闭，由雄鸟负责喂食雌鸟和雏鸟。我国分布于云南南部、西藏东南部；国外分布于喜马拉雅山脉中段至中南半岛、苏门答腊岛。

犀鸟科 Bucerotidae
中国保护等级：II级
中国评估等级：极危（CR）
世界自然保护联盟（IUCN）评估等级：近危（NT）
濒危野生动植物种国际贸易公约（CITES）：附录I

417

花冠皱盔犀鸟
Rhyticeros undulatus

　　体长约115 cm，雄鸟前额、头顶和枕部深栗色，后颈黑色，头、颈两侧和前颈皮黄白色；嘴象牙黄色，上嘴基部有一较扁平的盔突，上有6道皱褶隆起，形成"皱盔"；喉囊皮肤亮黄色，上有一条黑色带斑；尾羽全白，其余体羽全呈闪亮的黑色。雌鸟除尾羽白色外，其余体羽全为黑色，喉囊皮肤亮深蓝色。栖息于海拔400~1500 m的热带和南亚热带湿性常绿阔叶林中，尤在河流沿岸较易见。以果实等植物性食物为主，也吃树蛙、蝙蝠、蜥蜴等动物性食物。我国见于云南西部、西藏东南部；国外分布于喜马拉雅山脉东部、中南半岛、大巽他群岛。

犀鸟科 Bucerotidae
中国保护等级：II级
中国评估等级：濒危（EN）
世界自然保护联盟（IUCN）评估等级：无危（LC）
濒危野生动植物种国际贸易公约（CITES）：附录II

戴胜
Upupa epops

　　全长约29 cm；嘴细而长，并向下弯曲，头、颈、背及胸部棕栗黄色，头顶具棕栗黄色、羽端黑色的扇形羽冠；腰和肩羽黑褐色，具白色或棕白色横斑，翅黑色，杂以明显的白色横斑；腹及尾下覆羽污白，两胁杂有黑褐色纵纹；尾羽黑色，具一道宽阔的白斑。两性相似。栖息于开阔的稀树灌丛、林缘和草地中，也常见于居民区附近。以各种昆虫为食。在树洞、建筑物缝隙等处营巢。我国广泛分布于除台湾以外的各地；国外分布于欧亚大陆温带和热带地区、非洲大陆。

戴胜科 Upupidae
中国评估等级：无危（LC）
世界自然保护联盟（IUCN）评估等级：无危（LC）

䴕形目
PICIFORMES

大拟啄木鸟
Psilopogon virens

　　全长约30 cm；头颈蓝绿色，上背和肩红褐色，上体余部包括两翅和尾羽绿色；上胸暗黄褐色，下胸及腹部中央绿蓝色，并斑杂淡黄色；胸侧、腹侧及两胁黄绿褐色，羽缘亮绿黄色，呈纵纹状；尾下覆羽赤红色。两性相似。栖息于阔叶林和针阔混交林中。杂食性，以植物的种子、果实以及昆虫等为食。我国分布于华南、西南等地区；国外分布于喜马拉雅山脉和中南半岛。

拟啄木鸟科 Capitonidae
中国评估等级：无危（LC）
世界自然保护联盟（IUCN）评估等级：无危（LC）

绿拟啄木鸟
Psilopogon lineatus

　　全长约26 cm。头部色浅带纵纹，颏、喉淡黄白色，头的余部和颈、胸部及上腹中央浅褐色而具淡黄白色条纹；胸部条纹较宽阔；身体余部草绿色，上背轴纹白色；两胁、下腹及尾下覆羽渲染黄色；尾羽下表面浅灰蓝色。两性相似。栖息于热带地区的常绿阔叶林和村寨附近的阔叶林中。食物以果实为主，也取食昆虫等动物性食物。我国分布于西藏、云南；国外分布于喜马拉雅山脉、中南半岛、爪哇岛。

拟啄木鸟科 Capitonidae
中国评估等级：数据缺乏（DD）
世界自然保护联盟（IUCN）评估等级：无危（LC）

黄纹拟啄木鸟
Psilopogon faiostrictus

　　体长24 cm，与绿拟啄木鸟区别在于嘴更黑，头部纵纹色深，耳羽绿色，无黄色眼周裸皮。常栖息于开阔的落叶林林地。以树木种子为食。营巢在树洞中。我国分布于云南、广东、广西；国外分布于泰国、老挝、柬埔寨和越南。

拟啄木鸟科 Capitonidae
中国评估等级：近危（NT）
世界自然保护联盟（IUCN）评估等级：无危（LC）

金喉拟啄木鸟
Psilopogon franklinii

　　全长约23 cm；前额及后枕红色，头顶中央金黄，贯眼纹及后枕两侧亮黑色，枕部后端狭缘蓝色，嘴基部有一橙色斑，颏、上喉金黄色，耳羽及下喉银灰；体羽余部草绿色，有时缀有黄色；下体色浅。两性相似。栖息于常绿阔叶林中，常单个或结小群在枝叶茂密的树林活动。食物以果实等植物性食物为主，也取食昆虫等动物性食物。我国分布于云南、西藏、广西；国外分布于喜马拉雅山脉中段至中南半岛。

拟啄木鸟科 Capitonidae
中国评估等级：数据缺乏（DD）
世界自然保护联盟（IUCN）评估等级：无危（LC）

黑眉拟啄木鸟
Psilopogon faber

　　体长约20 cm；头部有蓝、红、黄、黑四色，颊蓝色，颈侧具红点，喉黄色，眉黑。亚成鸟色彩较黯淡。典型的冠栖拟啄木鸟。常栖息于海拔1000~2000 m的亚热带森林中。以树木果实、昆虫为食。我国特有种，分布于贵州、广东、广西、海南。

拟啄木鸟科 Capitonidae
中国评估等级：无危（LC）
世界自然保护联盟（IUCN）评估等级：无危（LC）

428

蓝喉拟啄木鸟
Psilopogon asiaticus

　　全长约21 cm；头顶中央具黑色或蓝色带斑，前额和后枕红色，颏、喉及头侧亮蓝色，眉纹黑色；上体余部包括翅和尾绿色，胸部两侧各具一红斑；腹部淡绿色，尾羽下表面浅蓝色。两性相似。栖息于海拔2000 m以下的热带和南亚热带常绿阔叶林或多榕树的次生阔叶林中，也见于村镇附近大树上。常单独活动。食物以榕树等植物的果实、种子和花为主，也取食昆虫等。常营巢于茂密森林中的树上。我国分布于西藏、云南、广西；国外分布于喜马拉雅山脉和中南半岛等地。

拟啄木鸟科 Capitonidae
中国评估等级：数据缺乏（DD）
世界自然保护联盟（IUCN）评估等级：无危（LC）

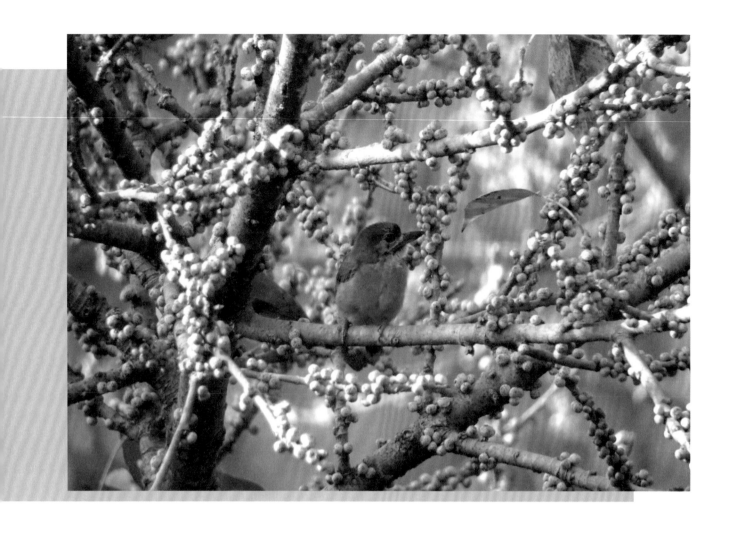

蓝耳拟啄木鸟
Psilopogon cyanotis

　　体长约18 cm；头顶、耳羽、额、喉天蓝色，额、喉至颈侧近黑色；眼下和耳羽上、下有血红色斑；上、下体其余部分为绿色；飞羽内羽片有不同程度灰白色。常在无花果树上进食。我国分布于西藏、云南；国外分布于喜马拉雅山脉东段至中南半岛。

拟啄木鸟科 Capitonidae
中国评估等级：数据缺乏（DD）
世界自然保护联盟（IUCN）评估等级：无危（LC）

赤胸拟啄木鸟
Psilopogon haemacephalus

　　体长约17 cm，额、头顶前部朱红色，其后具一黑色横带斑，与眼先、眼后的黑色相连，颊纹黑色，眉纹、眼下块斑、颏、喉亮黄色，头顶后部、枕、颈、颈侧灰绿色，上体余部橄榄绿；翼上覆羽与背同色，翼褐黑色，胸具朱红色半月形斑，胸斑后围以橙黄色月牙斑；下体余部淡黄白色，杂以暗绿色条纹。我国分布于云南、西藏；国外分布于南亚、东南亚。

拟啄木鸟科 Capitonidae
中国评估等级：数据缺乏（DD）
世界自然保护联盟（IUCN）评估等级：无危（LC）

431

蚁䴕
Jynx torquilla

全长约17 cm，体羽斑驳杂乱；嘴短，圆锥形，后枕至下背具黑褐色纵纹；上体及尾棕灰色，满布黑褐色和棕白色斑纹；下体浅棕黄色，密布褐色细横斑；尾羽具明显的黑褐色横斑。两性相似。栖息于低山丘陵地带的阔叶林或针阔混交林中，栖于树枝而不攀树，也不鸽啄树干取食。常单独活动。食物以蚂蚁为主，也取食其他昆虫，用长并且具钩端及黏液的舌伸入树洞或蚁巢中取食蚂蚁。我国繁殖于华中、华北及东北，在华南、东南、西南越冬；国外广泛分布于欧洲、亚洲和非洲中部地区。

啄木鸟科 Picidae
中国评估等级：无危（LC）
世界自然保护联盟（IUCN）评估等级：无危（LC）

斑姬啄木鸟
Picumnus innominatus

　　体长仅10 cm的山雀型啄木鸟；脸及尾部具黑白色斑纹，嘴近黑色；体背青橄榄色，腹面具黑色点斑，脚灰色；雄鸟前额橘黄色。栖于热带低山常绿阔叶林、混合林的枯树或树枝上，尤喜竹林。觅食时持续发出轻微的叩击声。我国分布于秦岭以南广大地区；国外分布于南亚和东南亚。

啄木鸟科 Picidae
中国评估等级：无危（LC）
世界自然保护联盟（IUCN）评估等级：无危（LC）

433

白眉棕啄木鸟
Sasia ochracea

　　体长仅9 cm的绿色及橘黄色山雀型短尾啄木鸟。嘴近黑色，眉白色；上体橄榄绿色，下体棕色；脚黄色，仅三趾。雄鸟前额黄色，雌鸟前额棕色。栖息于海拔2000 m以下的低地及丘陵阔叶林及次生林、竹林中下层。在树干树枝上觅食时常发出轻微叩击声。我国分布于西藏、云南西部和南部、广西南部、广东西南部；国外分布于印度、尼泊尔、不丹、孟加拉国、缅甸、老挝、泰国、柬埔寨和越南。

啄木鸟科 Picidae
中国评估等级：无危（LC）
世界自然保护联盟（IUCN）评估等级：无危（LC）

棕腹啄木鸟
Dendrocopos hyperythrus

　　全长约22 cm；头、颈侧及下体赤褐色；背、两翼及尾黑色，满布成排的白色点斑；尾下覆羽红色，臀红色。雄鸟前额、眼先和颊灰白色，头顶至枕红色；雌鸟头顶黑色并具白色点斑。栖息于阔叶林、针阔混交林、高山暗针叶林中。单个或成对活动。以昆虫等动物性食物为食，也取食野果等植物性食物。我国分布于黑龙江、西藏、四川、云南、广西、广东；国外分布于俄罗斯东南部以及喜马拉雅山脉、中南半岛。

啄木鸟科 Picidae
中国评估等级：无危（LC）
世界自然保护联盟（IUCN）评估等级：无危（LC）

435

星头啄木鸟
Picoides canicapillus

　　体长约15 cm，具黑白色条纹的啄木鸟。头顶灰色，雄鸟眼后上方具红色条纹，背白具黑斑或无；下体无红色，有黑色条纹的腹部棕黄色，脚绿灰色。见于各类型的林地，可至海拔2000 m。我国分布于东北、华北、华中、华东、华南和西南地区；国外分布于东亚、东南亚和南亚北部。

啄木鸟科 Picidae
中国评估等级：无危（LC）
世界自然保护联盟（IUCN）评估等级：无危（LC）

436

纹胸啄木鸟
Dendrocopos atratus

　　体长约22 cm，具黑色、白色及红色的啄木鸟；头前顶白色，上体黑色具成排的白色点斑，胸部具较密的黑色纵纹；下体茶黄色而臀棕色，黑色的须状条纹上延至颈部；尾较黑；雄鸟红色顶冠延至枕部且前方有一黑色带。喜海拔800~2200 m的热带常绿林，常栖息于灌丛中或阔叶乔木上。以昆虫为食，营巢在树洞中。我国为分布于云南的罕见留鸟；国外分布于印度、不丹、老挝、缅甸、泰国和越南。

啄木鸟科 Picidae
中国评估等级：数据缺乏（DD）
世界自然保护联盟（IUCN）评估等级：无危（LC）

437

赤胸啄木鸟
Dryobates cathpharius

体长约18 cm；具较宽的白色翼段，黑色的宽颊纹呈条带延至下胸、绯红色胸块及红臀为其主要识别特征；雄鸟枕部红色，雌鸟枕黑但颈侧具红斑；亚成鸟顶冠全红但胸无红色。生活于海拔1500~2750 m的阔叶栎树林及杜鹃林，常栖于死树上。食花蜜及昆虫。我国分布于西藏东南部、云南西北部；国外见于尼泊尔、不丹、印度、缅甸。

啄木鸟科 Picidae
中国评估等级：无危（LC）
世界自然保护联盟（IUCN）评估等级：无危（LC）

黄颈啄木鸟
Dendrocopos darjellensis

　　体长约25 cm；脸茶黄色；背全黑，具宽的白色肩斑，两翼及外侧尾羽具成排的白点，胸部具黑色重纹；臀部淡绯红色。雄鸟枕部绯红而雌鸟黑色。罕见于海拔1200~4000 m潮湿森林。我国分布于西藏、云南、四川；国外分布于尼泊尔、不丹、印度、缅甸、越南。

啄木鸟科：Picidae
叫声评估等级：无危（LC）
世界自然保护联盟（IUCN）评估等级：无危（LC）

白背啄木鸟
Dendrocopos leucotos

　　体长约25 cm，下背白色具黑色纵纹，臀部浅绯红色；雄鸟顶冠绯红色而雌鸟黑色，额白，耳斑较大，颊纹黑色，延伸到胸侧黑斑；两翼及外侧尾羽具明显白色点斑；腹部皮黄色或近褐色。喜栖于老朽树木，不怯生。我国分布于黑龙江、吉林、辽宁、河北、北京、内蒙古、新疆、四川、陕西、江西、台湾；国外主要分布于欧洲、中亚、东亚。

啄木鸟科 Picidae
中国评估等级：无危（LC）
世界自然保护联盟（IUCN）评估等级：无危（LC）

大斑啄木鸟
Dendrocopos major

全长约15 cm。额、脸侧和颈侧浅褐色，颚纹、头顶和上体黑色，颚纹延伸至颈侧和胸部，喉近白；胸部中央和尾下覆羽渲染红色，翅黑色，肩羽白色，翅尖具白色横斑；下体淡褐色。两性相似，但雌鸟枕部黑色、雄鸟具红色枕冠。栖息于常绿阔叶林、针阔混交林、稀树灌丛中。食物以昆虫为主。我国除台湾外，各省皆有分布记录；国外主要分布于欧亚大陆温带和北亚热带地区。

啄木鸟科 Picinae
中国评估等级：无危（LC）
世界自然保护联盟（IUCN）评估等级：无危（LC）

暗色啄木鸟
Picoides funebris

　　体长约23 cm。雄鸟头顶黑绿色，羽缘缀以金黄色；雌鸟头顶黑色，羽端缀以白色。体羽主要黑色，具白斑；颊及耳羽白褐色；上背及背部中央部位白色；下体除颏、喉浅灰外，均缀白点；脚三趾、二趾向前，一趾向后。栖息于林区小片针阔混交林中，多见于云杉林，常单个或成对活动。食物主要为昆虫。我国特有鸟类，分布于青藏高原东北部和横断山脉。

啄木鸟科 Picidae
中国评估等级：无危（LC）
世界自然保护联盟（IUCN）评估等级：无危（LC）

白腹黑啄木鸟
Dryocopus javensis

　　体长约46 cm。前额、头顶、枕部红色，头顶和枕部羽毛形成红色羽冠，颚纹也是红色，其余头、颈、胸和上体均为黑色，腰部和腹部白色，背、肩和翅上覆羽并有铜绿色光泽，颏、喉、前颈和颈侧有白色条纹，飞翔时白色腋羽和翅下覆羽明显可见。雌鸟与雄鸟相似，但头顶黑色，没有红色颚纹。栖息于海拔3000 m以下的山地针叶林、针阔叶混交林、常绿阔叶林和落叶阔叶林等森林中，也出现于林缘、次生林，甚至农田。洞巢多选择在高大的死树和枯立木上，每个洞巢都是由雄鸟和雌鸟自己啄成，洞口距地高度多在4~15 m。我国分布于云南、四川；国外分布于南亚西南部、东南亚。

啄木鸟科 Picidae
中国保护等级：II级
中国评估等级：近危（NT）
世界自然保护联盟（IUCN）评估等级：无危（LC）

黑啄木鸟
Dryocopus martius

　　体长40~46 cm。头及颈部带绿光，嘴黄而顶红，雌鸟仅后顶红色。栖息于大片的针叶或落叶林。主食蚂蚁，进食时挖洞很大。我国分布于东北、华北和青藏高原东部等地区；国外广泛分布于欧亚大陆温带地区。

啄木鸟科 Picidae
中国评估等级：无危（LC）
世界自然保护联盟（IUCN）评估等级：无危（LC）

大黄冠啄木鸟
Chrysophlegma flavinucha

　　体长约34 cm，雄鸟额、头顶和头侧呈暗橄榄褐色，额和头顶缀有棕栗色，枕冠金黄色或橙黄色，上体和内侧飞羽辉黄绿色；腹部暗灰色，尾羽黑褐色，中央尾羽基部羽缘绿色；雌鸟与雄鸟相似，但雄鸟喉黄色，雌鸟喉栗色。主要栖息于海拔2000 m以下的中、低山常绿阔叶林内。以昆虫为食，偶尔也吃植物浆果和种子。我国分布于西藏、云南、四川、广西、广东、海南、江西和福建；国外见于喜马拉雅山脉中段至中南半岛、苏门答腊岛。

啄木鸟科 Picidae
中国评估等级：濒危（EN）
世界自然保护联盟（IUCN）评估等级：无危（LC）

445

黄冠啄木鸟
Picus chlorolophus

　　全长约25 cm；雄鸟额、头顶至枕、耳羽和颈侧暗橄榄绿，嘴基至颈冠具一红色眉纹、颚纹红色、枕冠亮橙黄色；上体余部黄绿色，内侧飞羽染栗红色，外侧飞羽褐黑色；下体橄榄绿褐色，满布灰白色横斑；尾羽褐黑。雌鸟仅眼后上方枕部具红色条纹。栖息于山地常绿阔叶林或针阔混交林中。以昆虫和野果为食，尤其喜食蚂蚁。我国见于云南、广西、海南、江西、福建；国外分布于南亚和东南亚。

啄木鸟科 Picidae
中国评估等级：近危（NT）
世界自然保护联盟（IUCN）评估等级：无危（LC）

鳞腹绿啄木鸟
Picus squamatus

体长35 cm；下体浅色，有明显的黑色鳞状纹。雄鸟头顶及羽冠绯红色；过眼线黑色，眉纹宽、白色，上下缘黑色，髭须黑；腰黄，尾羽具黑色及白色横斑。雌鸟色暗，顶冠黑而杂灰。栖息于低山和平原的阔叶林、竹林、次生林。在树上或地面活动和觅食。成对或以家族群活动。国内见于西藏西南部；国外分布于土库曼斯坦、阿富汗、巴基斯坦、印度、尼泊尔。

啄木鸟科 Picidae
中国评估等级：数据缺乏（DD）
世界自然保护联盟（IUCN）评估等级：无危（LC）

447

黑枕绿啄木鸟
Picus guerini

全长约30 cm。雄鸟头顶前部红色，后部及枕部灰色而具黑色条纹或块斑，头侧灰色，眼先上部和颚纹黑色，额、喉灰白略沾绿色；上体余部和翅表面绿色，飞羽及尾羽黑色，飞羽具白色横斑；下体余部绿色。雌鸟头顶及枕部灰色，具黑色条纹。栖息于阔叶林、针叶林及针阔混交林中，也见于农田附近。主要以昆虫等动物性食物为食，兼食植物果实、种子等。我国分布于黄河以南广大地区；国外分布于喜马拉雅山脉、中南半岛。

啄木鸟科 Picidae
中国评估等级：无危（LC）
世界自然保护联盟（IUCN）评估等级：无危（LC）

金背啄木鸟
Dinopium javanense

　　体长约30 cm。雄鸟冠羽长形，红色。脸部具黑白色条纹，喉部有一条黑色中央条纹，嘴近黑色；上体金色，腰部红色；下体具明显的黑色条纹和鳞状斑；脚铅色或绿褐色。雌鸟冠羽黑色，上有白色条纹。我国分布于云南；国外分布于印度、孟加拉国、文莱、印度尼西亚和中南半岛。

啄木鸟科 Picidae
中国评估等级：数据缺乏（DD）
世界自然保护联盟（IUCN）评估等级：无危（LC）

449

小金背啄木鸟
Dinopium benghalense

　　体长约30 cm。雄鸟冠羽长形，红色。脸部具黑白色条纹，喉部有一条黑色中央条纹；上体金色，腰部黑色；下体具黑色条纹和鳞状斑。国内分布于西藏东南部；国外分布于南亚次大陆。

啄木鸟科 Picidae
中国评估等级：数据缺乏（DD）
世界自然保护联盟（IUCN）评估等级：无危（LC）

大金背啄木鸟
Chrysocolaptes guttacristatus

　　体长约31 cm，色彩艳丽。雄鸟头顶及冠羽赤色，颈后部白色，具两条黑色颊纹至颈侧相连，嘴长而直；背羽金橄榄色而无斑，腰红色，外侧尾羽较尾上覆羽长；尾上覆羽及尾黑色；脚格外强壮，具四趾，大趾发达，爪长而强。雌鸟顶冠黑色，有白色点斑。喜欢较开阔的林地及林缘。我国分布于云南西南部和南部、西藏东南部；国外分布于亚洲南部。

啄木鸟科 Picidae
中国评估等级：数据缺乏（DD）
世界自然保护联盟（IUCN）评估等级：无危（LC）

竹啄木鸟
Gecinulus grantia

　　体长约25 cm；头浅皮黄色，前顶红色或橄榄金黄色，上体纯红褐色或橄榄色；下体橄榄褐色，尾绯红褐具浅栗色横斑，基部橄榄色。喜竹林及次生林，高可至海拔1000 m。我国分布于云南、广西、广东、福建；国外分布于喜马拉雅山脉东段、中南半岛北部和东部。

啄木鸟科 Picidae
中国评估等级：无危（LC）
世界自然保护联盟（IUCN）评估等级：无危（LC）

黄嘴栗啄木鸟
Blythipicus pyrrhotis

　　体长约30 cm；嘴长而粗壮，鼻孔暴露；圆翅，初级飞羽稍长于次级飞羽，体羽赤褐具黑斑，嘴浅黄色；雄鸟颈侧及枕具绯红色块斑。我国见于长江以南地区；国外分布于尼泊尔、不丹、印度、孟加拉国和中南半岛。

啄木鸟科 Picidae
中国评估等级：无危（LC）
世界自然保护联盟（IUCN）评估等级：无危（LC）

453

栗啄木鸟
Micropternus brachyurus

体长约21 cm，通体红褐色；嘴角暗黑色，下嘴基沾绿黄色，额、喉浅棕色；腹和两胁有黑色横斑，翼深棕色，均具宽黑色横斑，第1~3片初级飞羽端部黑色；脚暗褐或黑褐色。雄鸟头淡棕色，眼下和眼后有一宽血红色纵纹；雌鸟眼下无血红色纵纹。栖息于海拔1500 m以下的开阔林地、次生林、林缘带、园林及人工林。我国分布于长江以南地区；国外分布于南亚、东南亚。

啄木鸟科 Picidae
中国评估等级：无危（LC）
世界自然保护联盟（IUCN）评估等级：无危（LC）

大灰啄木鸟
Mulleripicus pulverulentus

　　体形大而颀长，体长约50 cm；通体灰色，喉部皮黄色；雄鸟具红色颊斑，喉及颈略染红色。栖息于海拔1000 m以下的低山森林中，喜半开阔的环境。多取食于孤树。我国分布于云南南部及西藏东南部；国外分布于喜马拉雅山脉、中南半岛、马来群岛。

啄木鸟科 Picidae
中国评估等级：数据缺乏（DD）
世界自然保护联盟（IUCN）评估等级：近危（NT）

隼形目
FALCONIFORMES

红腿小隼
Microhierax caerulescens

    最小的猛禽之一，体长约15 cm；自眼部有黑色带延伸至耳羽后，白色前额与宽阔的白色眉纹相连，向后经耳羽与白色的颈圈连接；喉、腿、臀及尾下棕色，顶冠及背黑色；尾下具黑白色横斑。栖息于开阔森林和林缘地带，常见于林中河谷、山脚平原等。常单独活动，主要以小型鸟类、蛙、蜥蜴和昆虫为食。营巢于腐朽的树洞中。我国分布于云南西部；国外见于喜马拉雅山脉和中南半岛。

隼科 Falconidae
中国保护等级：II级
中国评估等级：近危（NT）
世界自然保护联盟（IUCN）评估等级：无危（LC）
濒危野生动植物种国际贸易公约（CITES）：附录II

白腿小隼
Microhierax melanoleucos

　　小型猛禽，体长17~19 cm。头部和整个上体，包括两翅蓝黑色，前额有一条白色细线，沿眼先往眼上与白色眉纹相连，再往后与颈部前侧的白色下体相连，颊部、颏部、喉部和整个下体为白色；尾羽黑色，外侧尾羽内缘有白色横斑。栖息于海拔2000 m以下的落叶林和林缘地区，尤其是以林内开阔草地和河谷地带。以昆虫、小鸟和鼠类等为食。常营巢于树洞中。我国分布于长江主干流域及其以南地区，为罕见留鸟；国外分布于印度、孟加拉国、缅甸、老挝、越南等地。

隼科 Falconidae
中国保护等级：II级
中国评估等级：易危（VU）
世界自然保护联盟（IUCN）评估等级：无危（LC）
濒危野生动植物种国际贸易公约（CITES）：附录II

459

黄爪隼
Falco naumanni

　　体长约31 cm。雄鸟头灰色，上体赤褐色而无斑纹；下体淡棕色，颏及臀白，胸具稀疏的黑点；尾蓝灰色，具宽阔黑色次端斑和近白色端斑。雌鸟上体具横纹、下体具纵纹。栖息于旷野、荒漠草地、河谷疏林、草地及村庄和农田边的丛林地带，以昆虫为主食，也食鼠类、蜥蜴、蛙和小型鸟类。多成对和成小群活动。营巢于悬崖峭壁凹陷处、岩洞或碎石中，也在大树洞中营巢。我国见于除华东、华南以外的其余地区；国外分布于亚洲中部和非洲。

隼科 Falconidae
中国保护等级：II级
中国评估等级：易危（VU）
世界自然保护联盟（IUCN）评估等级：无危（LC）
濒危野生动植物种国际贸易公约（CITES）：附录II

460

红隼
Falco tinnunculus

　　全长约35 cm。雄鸟头顶至后颈灰色，头侧淡棕色，眼下有黑斑，颏和喉棕白色；胸和腹部淡棕黄，具黑色纵纹和点斑，背羽和翅上覆羽砖红色，有黑色粗斑；尾羽青灰色，具宽阔的黑色次端斑及棕白色端缘。雌鸟上体砖红色，头顶满布黑色纵纹。栖息于灌丛、农田等开阔地间。以昆虫、两栖类、小型爬行类、小型鸟类和小型哺乳类为食。我国各地均可见；国外广泛分布于欧亚大陆寒带以外地区、非洲大陆沙漠以外地区。

隼科 Falconidae
中国保护等级：II级
中国评估等级：无危（LC）
世界自然保护联盟（IUCN）评估等级：无危（LC）
濒危野生动植物种国际贸易公约（CITES）：附录II

461

红脚隼
Falco amurensis

　　全长约30 cm；上体乌灰色，翅下覆羽和腋羽白色；下体颏、喉至腹浅灰，下腹至尾下覆羽和覆腿羽棕红色；尾羽灰色；嘴黄色，端部黑；脚橙红色。栖息于山麓开阔地带或河流、沼泽等地的边缘，以捕食蝗虫等昆虫为主，也取食其他无脊椎动物和小型鸟类等。我国分布于东北、华北、华东、华中、华南和西南地区；国外分布于东北亚、东南亚北部、南亚以及非洲东部。

隼科 Falconidae
中国保护等级：II级
中国评估等级：近危（NT）
世界自然保护联盟（IUCN）评估等级：无危（LC）
濒危野生动植物种国际贸易公约（CITES）：附录II

462

灰背隼
Falco columbarius

　　全长约31 cm。雄鸟前额和眉纹淡棕白色，杂以黑色细纹；后颈领圈棕褐色，上体余部淡蓝灰色，具黑色细纹；额、喉白色，下体余部淡棕，具黑色细纹。雌鸟背部和尾羽暗褐色，具浅色斑纹。栖息于开阔的河谷、平原和农田等生境中，在乔木或灌丛的顶端站立。以昆虫和小型脊椎动物等为食。我国分布于东北、华东、华南、西南等地；国外广泛分布于欧亚大陆温带和北亚热带地区、北美大陆、南美大陆北部、非洲大陆北部。

隼科 Falconidae
中国保护等级：II级
中国评估等级：近危（NT）
世界自然保护联盟（IUCN）评估等级：无危（LC）
濒危野生动植物种国际贸易公约（CITES）：附录II

463

燕隼
Falco subbuteo

　　体长约30 cm；有白色细眉纹，颊部有一个垂直向下的黑色髭纹；上体暗蓝灰色；胸部白色，具黑色暗条纹；翼飞翔时像镰刀一样狭长而尖，翼下白色并密布黑褐色横斑，翼折合时，翅尖几乎到达尾羽端部；腿及臀棕色，腿羽淡红色。雌鸟体形更大而多褐色，腿及尾下覆羽细纹较多。栖息于有稀疏树木生长的开阔平原、旷野、耕地、海岸地带，也到村庄附近。常单独或成对活动，主要以小型鸟类和昆虫为食，偶尔也捕捉蝙蝠。营巢于高大乔木树上，常侵占乌鸦和喜鹊的巢。我国分布几乎遍及各地；国外分布于欧亚大陆温带和亚热带区域、非洲大陆。

隼科 Falconidae
中国保护等级：II级
中国评估等级：无危（LC）
世界自然保护联盟（IUCN）评估等级：无危（LC）
濒危野生动植物种国际贸易公约（CITES）：附录II

猛隼
Falco severus

　　体长约25 cm；头部和飞羽灰黑色，上体石板灰色，下体浓栗色，颏皮黄色。栖息于有稀疏林木或者小块丛林的低山丘陵和山脚平原地带，但很少在茂密的森林中。常单独或成对活动。主要以昆虫、小鸟和蝙蝠为食，也吃老鼠和蜥蜴等。常利用陡峭悬崖边高大树木上的乌鸦以及其他鸟类的旧巢，偶尔也在悬崖岩石边自己筑巢。我国分布于云南、广西、海南、西藏；国外分布于喜马拉雅山脉、中南半岛和马来群岛。

隼科 Falconidae
中国保护等级：II级
中国评估等级：数据缺乏（DD）
世界自然保护联盟（IUCN）评估等级：无危（LC）
濒危野生动植物种国际贸易公约（CITES）：附录II

猎隼
Falco cherrug

　　体长45~55 cm。周身浅褐色，颈部偏白，眼上有白色眉纹，眼下方有黑色条纹，胸腹部偏白有黑褐色斑纹；喙灰色，脚黄色。栖息在平原、干旱草原、荒漠和丘陵等生境。主要以中小型鸟类、野兔和啮齿类为食。营巢在岩石突起上或陡岩上，或距地面14~18 m的高大树木上，有多年沿用相同巢址的习惯。我国主要分布在西北、东北、华北、西南等地；国外分布于欧亚大陆中部、非洲大陆北部。

隼科 Falconidae
中国保护等级：II级
中国评估等级：濒危（EN）
世界自然保护联盟（IUCN）评估等级：濒危（EN）
濒危野生动植物种国际贸易公约（CITES）：附录II

游隼
Falco peregrinus

　　全长约50 cm。上体黑褐色，羽缘浅淡，形成不明显的斑纹；下体淡棕白，具粗而显著的黑色颊纹和颚纹，胸、上腹部具黑褐色纵纹；下腹部具黑色横斑，翅和尾黑色，具淡棕色狭形横斑。两性相似。栖息于河流、湖泊、农田、草地、林缘等开阔地带。单独活动，飞行迅速，能捕食其他中小型鸟类，有时也捕食野兔、鼠等小型哺乳动物。我国各省区均有分布；国外分布于除南极洲和北极洲北部以外的广大地区。

隼科 Falconidae
中国保护等级：II级
中国评估等级：近危（NT）
世界自然保护联盟（IUCN）评估等级：无危（LC）
濒危野生动植物种国际贸易公约（CITES）：附录I

467

鹦鹉目
PSITTACIFORMES

亚历山大鹦鹉
Psittacula eupatria

    体长56~62 cm，体绿色；鸟喙红色，尖端黄色。雄鸟颈部有一条灰蓝色的细窄条状羽毛，沿蜡膜到眼睛有一条黑色羽毛，颈部有一条很宽的黑色环状羽毛和一条很宽的粉红色环状羽毛；翅外侧覆羽有一块紫红色羽毛；尾羽中间上方为绿底外加蓝绿色，尖端黄色。雌鸟颈部无黑色和粉红色的环状羽毛，体色较暗，中间尾羽较短。栖息于海拔900 m以下的森林、农作物区、红树林、椰子园等地，偶尔也在都市郊区、公园活动。食物为种子、花、嫩芽、花蜜、水果、谷类及蔬菜等。我国分布于云南西部；国外分布于南亚次大陆、中南半岛。

鹦鹉科 Psittacidae
中国保护等级：II级
中国评估等级：数据缺乏（DD）
世界自然保护联盟（IUCN）评估等级：无危（LC）
濒危野生动植物种国际贸易公约（CITES）：附录II

红领绿鹦鹉
Psittacula krameri

　　中型鸟，雄鸟头部辉绿色，颈部两侧和耳羽后逐渐变为淡蓝色，嘴基部有一窄黑线向后延伸至眼睛，颏、喉黑色并向后和颈两侧延伸，与后颈向下的狭形玫瑰红色颈环在颈侧相连；上体邻近玫瑰红色颈环处呈蓝色，翅膀绿色；中央尾羽蓝绿色，外侧尾羽越向外绿色越浓。雌鸟颏部、喉部没有黑色，头上没有领环，尾羽较短。主要栖息于山区疏林地、半荒漠草原或灌木，以及村庄、农田和庭园等地。以榕树等植物的果实与种子为食，也吃谷物和其他浆果、花朵、花蜜等。我国分布于西藏东南部和云南南部；国外分布于南亚、东南亚西北部、非洲中部。

鹦鹉科 Psittacidae
中国保护等级：II级
中国评估等级：数据缺乏（DD）
世界自然保护联盟（IUCN）评估等级：无危（LC）

471

灰头鹦鹉
Psittacula finschii

　　全长约34 cm。雄鸟头部铅灰色，上嘴红色，颏、喉黑色，颊下具一条黑带，耳后有一条黑线，颈侧及后颈环绕一铜绿色领环；上体余部黄绿色，下体余部亮绿色；翅上中覆羽具一暗红色块斑；中央尾羽基部绿色，中段淡蓝紫色，末段紫黄色；尾下覆羽暗黄绿色。雌鸟与雄鸟相似，但颏、喉无黑色，翅上无栗红色翅斑，尾较短，上嘴黄色。栖息于山地阔叶林或稀树阔叶林内。以各种野果、种子等为食，也吃玉米等农作物。我国分布于云南；国外分布于喜马拉雅山脉东段、中南半岛。

鹦鹉科 Psittacidae
中国保护等级：II级
中国评估等级：数据缺乏（DD）
世界自然保护联盟（IUCN）评估等级：近危（NT）
濒危野生动植物种国际贸易公约（CITES）：附录II

青头鹦鹉
Psittacula himalayana

　　体长约35 cm，外形似灰头鹦鹉，但头部颜色较浅而喙较小。体绿色，头部暗灰色，后连接一条从下巴到颈部的黑色环状羽毛；喙上颚朱红色，喙尖黄色，下颚黄色；翅覆羽有一块红色羽毛或无，翅内侧蓝绿色，尾羽中间绿底蓝色，尖端黄色；脚灰色或肉色。栖息于海拔650~3800 m的森林、棕榈林、开阔平原及农耕区等。常成对或小群体活动，主要食物为水果、浆果、种子、坚果、花朵以及植物嫩芽等。具季节性垂直迁徙习性。我国见于西藏南部；国外分布于喜马拉雅山脉南坡。

鹦鹉科 Psittacidae
中国保护等级：II级
世界自然保护联盟（IUCN）评估等级：无危（LC）
濒危野生动植物种国际贸易公约（CITES）：附录II

花头鹦鹉
Psittacula roseata

　　全长35 cm左右。体羽主要为黄绿色，上体颜色较深呈紫蓝色，翅绿色，下巴下方延伸到脸颊下方，环绕整个颈部有一条黑色的环状羽毛，并连接一条蓝绿色的条状羽毛；翅膀外侧的覆羽上有一块红棕色的羽毛；雄鸟为玫瑰红，雌鸟呈灰蓝色。栖息于约1500 m的森林地带、次生林区与农耕区的边界等地。主要以种子、水果、花朵、坚果、花粉、植物嫩芽和树叶嫩芽等为食。我国分布于西藏东南部、云南西南部、广西西部和南部、广东南部；国外分布于喜马拉雅山脉东段、中南半岛。

鹦鹉科 Psittacidae
中国保护等级：II级
中国评估等级：数据缺乏（DD）
世界自然保护联盟（IUCN）评估等级：近危（NT）
濒危野生动植物种国际贸易公约（CITES）：附录II

大紫胸鹦鹉
Psittacula derbiana

　　全长约45 cm；雄鸟头紫灰色，前额有一黑带向两侧延伸至眼先，上嘴红色，下巴以及脸颊下方有一条宽的半圆形黑色羽毛，脸部浅蓝绿色；上体余部辉亮绿色，下体胸和腹部紫蓝色；翅上大、中覆羽黄绿至黄色，尾下覆羽绿色，中央尾羽蓝色，外侧尾羽绿色。雌鸟嘴黑色，中央尾羽较雄鸟短，额无蓝色，耳羽后部具有褐色的粉红色带斑。栖息于海拔1250~4000 m的针叶林、针阔混交林和阔叶林内，有时前往农耕区觅食。以植物种子、坚果等为食。在乔木树洞中营巢。常集群活动。我国分布于西藏、云南、四川；国外见于印度。

鹦鹉科 Psittacidae
中国保护等级：II级
中国评估等级：易危（VU）
世界自然保护联盟（IUCN）评估等级：近危（NT）
濒危野生动植物种国际贸易公约（CITES）：附录II

476

绯胸鹦鹉
Psittacula alexandri

　　全长约35 cm。雄鸟头紫灰色，前额黑色窄带向后伸至眼先，嘴红色，下嘴基部的黑色宽带向下后方伸至颈侧，喉和胸粉红而沾灰色，下腹部绿色；中央尾羽辉亮蓝色，形特长而尖端狭窄；其余尾羽外蓝色，内绿色。雌鸟头部更多蓝色；喉、胸砖红色；中央尾羽较短；嘴大多黑色。栖息于海拔2000 m左右的山麓丘陵地带低山或中山常绿阔叶林中，也见于农耕区、公园等地。主要以野生植物的浆果、种子、花蜜、嫩枝和幼芽等为食，也吃谷物和昆虫。在空心树干或枯死的树洞中筑巢。我国分布于西藏、云南、广西、广东、海南；国外分布于喜马拉雅山脉中段至中南半岛、苏门答腊岛、爪哇岛。

鹦鹉科 Psittacidae
中国保护等级：II级
中国评估等级：易危（VU）
世界自然保护联盟（IUCN）评估等级：近危（NT）
濒危野生动植物种国际贸易公约（CITES）：附录II

主要参考资料

【01】Gill, F. & D. Donsker (Eds). 2017. IOC World bird list (v 7.3). doi: 10.14344/IOC.ML.7.3.

【02】IUCN. 2019. The IUCN Red List of Threatened Species. Version 2019-2. <http://www.iucnredlist.org>.

【03】段文科, 张正旺主编. 中国鸟类图志, 上卷, 非雀形目. 北京: 中国林业出版社, 2017.

【04】季维智, 杨晓君, 朱建国, 等. 中国云南野生鸟类. 中国林业出版社, 2004.

【05】季维智, 朱建国, 杨大同, 等. 中国云南野生动物. 中国林业出版社, 1999.

【06】蒋志刚, 江建平, 王跃招, 等. 中国脊椎动物红色名录. 生物多样性, 2016.

【07】马敬能, 菲利普斯, 何芬奇. 中国鸟类野外手册. 湖南教育出版社, 2000.

【08】杨岚等编著. 云南鸟类志 上卷. 云南科技出版社, 1995.

【09】杨岚, 杨晓君等编著. 云南鸟类志下卷·雀形目. 云南科技出版社, 2004.

【10】赵正阶. 中国鸟类志 上卷. 吉林科学技术出版社, 2001.

【11】郑光美主编. 中国鸟类分类与分布名录. 科学出版社, 2017.

学名索引

481

照片摄影者索引

（按姓名拼音顺序排列）

后 记

  《中国西南野生动物图谱 鸟类卷》（上、下两卷）共收录介绍了分布在我国西南地区西藏、云南、四川、重庆、贵州、广西6省（直辖市、自治区）的鸟类790种，以及它们的原生态照片2000多幅。每个物种依次列出了其分类信息，如所属目、科、属的中文名或拉丁名；物种介绍包括保护等级、濒危等级、体形或大小、主要识别特征、重要生物学或生态习性；地理分布介绍包括国内分布和国外分布。书后附有主要参考资料、拉丁学名索引和照片摄影者索引。

  本卷主要参考郑光美等（2017）出版发行的《中国鸟类分类与分布名录·第3版》、由世界鸟类学家联合会发布的世界鸟类名录（IOC World bird list, v 9.2, 2019），以及近年来发表的其他科学文献为依据确定分类系统和物种分类地位，反映了我国鸟类研究的最新成果。我国已记录鸟类26目109科504属1474种，其中25目104科450属1182种分布在西南地区，依次分别占全国的96%、95%、89%和80%；6省区已记录的鸟类物种数分别为云南952种、四川690种、广西633种、西藏619种、贵州488种、重庆376种，由此可见此区域鸟类物种多样性非常丰富和重要。

  本卷物种标注的国内外保护或濒危等级的依据和具体含义如下：

1. 物种的中国保护等级依据国务院1988年批准，林业部和农业部1989年发布施行的《国家重点保护野生动物名录》及其2003年修订内容，并结合近年来物种研究进展进行了物种名称的修订。

2. 本书分别列出了物种的全球评估等级和中国评估等级，全球评估等级引自世界自然保护联盟（IUCN）发布的受威胁物种红色名录（The IUCN Red List of Threatened Species, Ver. 2019），中国评估等级引自蒋志刚等2016年发表的《中国脊椎动物红色名录》；不同等级的具体含义为：

灭绝（EX）：如果一个物种的最后一只个体已经死亡，则该物种"灭绝"。

野外灭绝（EW）：如果一个物种的所有个体仅生活在人工养殖状态下，则该物种"野外灭绝"。

地区灭绝（RE）：如果一个物种在某个区域内的最后一只个体已经死亡，则该物种已经"地区灭绝"。

极危（CR）、濒危EN和易危（VU）：这三个等级统称为受威胁等级（Threatened categories）。从极危（CR）、濒危EN到易危（VU），物种灭绝的风险依次降低。

近危（NT）：当一物种未达到极危、濒危或易危标准，但在未来一段时间内，接近符合或可能符合受威胁等级，则该物种为"近危"。

无危（LC）：当某一物种评估为未达到极危、濒危、易危或近危标准，则该种为"无危"。广泛分布和个体数量多的物种都属于此等级。

数据缺乏（DD）：当缺乏足够的信息对某一物种的灭绝风险进行评估时，则该物种属于"数据缺乏"。

3. 物种在濒危野生动植物种国际贸易公约中所属附录的情况，引自中华人民共和国濒危物种进出口管理办公室、中华人民共和国濒危物种科学委员会2016年编印的《濒危野生动植物种国际贸易公约附录I、附录II和附录III》，不同附录的具体含义为：

附录I：为受到和可能受到贸易影响而有灭绝危险的物种，禁止国际性交易；

附录II：为目前虽未濒临灭绝，但如对其贸易不严加管理，就可能变成有灭绝危险的物种；

附录III：为成员国认为属其范围，应该进行管理以防止或限制开发利用，而需要其他成员国合作控制的物种。

本卷的编写完成，得益于一个多世纪以来，先后在我国特别是我国西南地区开展鸟类研究的科学家们，他们丰富的研究成果是本书撰写的基础，本书在"主要参考资料"中列出了部分但显然不是全部的参考资料。衷心感谢慷慨向本卷提供作品的摄影家们！其中有专业的研究人员，有从自然爱好者或摄影爱好者中成长的自然博物学家，为了将野生动物最美的一刻呈现给世人，他们潜心观察了解其秉性，或让动物适应自己的存在，甚至与动物交上了朋友；本卷中的许多照片是他们在极端地形或天气下长期或长时间跟踪野生动物，或登高攀缘，或爬冰卧雪，或风里、雨里、水里摸爬滚打，历经艰险才抓拍到的精彩瞬间。

感谢本卷其他编委们，是各位努力、认真和细致的工作才使本卷得以顺利完成；感谢北京出版集团的刘可先生、杨晓瑞女士、王斐女士和曹昌硕先生等对本书从创意到编辑出版等付出的辛勤劳动。鉴于作者水平有限，书中错误难免，诚请读者批评、指正。

2019年12月于昆明